漁業関係判例要旨総覧

金田禎之●編著

大成出版社

はしがき

漁業関係の判例について、漁業法（旧漁業法を含む。）をはじめ、水産資源保護法、水産業協同組合法、漁船法、漁港法、漁業補償等関係法（民法、国家賠償法、公有水面埋立法）の判例を詳細に取りまとめて昭和六十一年一月に約千四百頁に及ぶ「漁業関係判例総覧（増補改訂版）」を出版しました。

それ以来約十年を経過したので、平成七年にその後の漁業関係の重要な判例を取りまとめて「漁業関係判例総覧・続巻」を出版しました。しかし、その後さらに、六年を経過した現在までにぜひ参考にしたい重要な判例も増えたので、「漁業関係判例総覧・続巻」にこれらを追加、補正して「漁業関係判例総覧・続巻（増補改訂版）」を出版致しました。

判例総覧（増補改訂版）と判例総覧・続巻（増補改訂版）を加えると約二千頁にもなりますので、読者の便宜をはかるために、これらの約五百例にも及ぶ判例の要旨を取りまとめた本書「漁業関係判例要旨総覧」を同時に併せて出版致しました。

漁業関係の判例については

漁業関係判例要旨総覧

漁業関係判例総覧（増補改訂版）

漁業関係判例総覧・続巻（増補改訂版）

の関係の三種類の本を併せてご利用して頂ければ、幸甚であります。

平成十三年三月二十五日

金田禎之

凡例

一　本書に掲載した判例要旨は、約五〇〇例に及ぶが、直接漁業に関係する法令は、漁業法、水産資源保護法、水産業協同組合法、漁船法、漁港法及びその省令、規則等に、また、漁業補償等に関する法令は、民法、国家補償法、公有水面埋立法等に関するものである。
さらに、漁業法については、旧漁業法関係の判例で現漁業法の参考になるものについて、また、水産業協同組合法については、一部農業協同組合法の判例で同法の参考になるものについて、それぞれの関係の条文の箇所に記載した。

二　本書の配列は、各判例について、その問題となる各法令の各条項別に分類して配列した。
また、巻末に関係の用語ごとの索引を掲載した。したがって、目次または索引のいずれかによって、必要とする判例要旨を見い出し得るようにした。

三　本書に掲載した判例要旨は、ほとんど「漁業関係判例総覧（増補改訂版）」及び「漁業関係判例総覧・続巻（増補改訂版）」に掲載した判例及びその後の判例に関するものであって、それぞれの判例要旨の末尾に参考のため、これらの判例の掲載頁を記載した。

四　各判例要旨とも、原則として表題の次に、裁判所名、年度別事件番号、判決年月日、判決の種類、原審裁判所名及び関係条文を記載した。

五　本書に記載した主なる略号は、次のとおりである。

水産業協同組合法　　水協法

旧漁業法	旧
行政事件訴訟法	行訴法
刑事訴訟法	刑訴法
民事訴訟法	民訴法
最高裁判所	最高裁
高裁判所	高裁
地方裁判所	地裁
簡易裁判所	簡裁
行政裁判所	行裁
最高裁判所刑事判例集	最高裁刑集
最高裁判所民事判例集	最高裁民集
最高裁判所裁判集（刑）	裁判集刑
最高裁判所裁判集（民）	裁判集民
高等裁判所刑事判例集	高裁刑集
高等裁判所民事判例集	高裁民集
高等裁判所刑事判決特報	高裁刑特報
高等裁判所刑事裁判特報	高裁特報
高等裁判所刑事速報集	高裁速報
東京裁判所刑事時報	東京刑時報

東京裁判所民事時報	東京民時報
下級裁判所刑事判例集	下裁刑集
下級裁判所民事判例集	下裁民集
行政事件裁判例集	行政集
大審院刑事判決録	刑録
大審院民事判決録	民録
大審院刑事裁判集	刑集
大審院民事裁判集	民集
大審院裁判例	裁判例
行政裁判所判決録	行録
判例タイムズ	タイムズ
判例時報	時報
訟務月報	訟務
判例地方自治	自治
金融商事判例	金融商事
金融法務事情	金融法務
刑事裁判月報	刑裁月報
法律新聞	新聞
漁業関係判例総覧（増補改訂版）	総覧
漁業関係判例総覧・続巻（増補改訂版）	総覧続刊

第一部 漁業法

第二部　水産資源保護法

第三部　外国人漁業の規制に関する法律

第四部　水産業協同組合法

第五部　漁　船　法

第六部　漁　港　法

第七部　漁業補償等関係法

第一部

漁業法

第一章　総　　則

第一節　法律の目的（一条）

一―一―一　競願関係を調整する目的のためにのみ新漁場計画を追加してした漁業権の免許処分は、漁業法第一条に違背し無効である。

最高裁三小民、昭和三六年(オ)第一四一二号
昭三八・一二・三判決、棄却
一審　東京地裁　　二審　東京高裁
関係条文　漁業法一条・一〇条・一一条・一四条・一五条・一六条

他の漁場における定置漁業権免許申請において優先順位にないため競願に敗れ、その存立のため必要な漁業権を取得する見込のなくなつた者を救済するためにのみ新漁場計画を設定してなされた定置漁業権免許処分は、漁業法第一条に違背し無効である。

（総覧二三七頁・裁判集民七〇号一頁）

一―一―二　漁業法は、同法第一条の規定からすると、漁業生産力の発展とともに漁業の民主化を目的とする法律であつて、食生活上の国民の生命健康の被害の防止ないし安全の確保を目的とするものではないとして控訴を棄却した事例

第一条　この法律は、漁業生産に関する基本的制度を定め、漁業者及び漁業従事者を主体とする漁業調整機構の運用によつて水面を総合的に利用し、もつて漁業生産力を発展させ、あわせて漁業の民主化を図ることを目的とする。

福岡高裁民、平成四年(行コ)第六号
平四・八・六判決、棄却
一審　熊本地裁
関係条文　漁業法一条・三九条一項、食品衛生法四条・二二条

漁業法は、同法第一条の規定からすると、漁業生産力の発展とともに漁業の民主化を目的とする法律であって、食生活上の国民の生命健康の被害の防止ないし安全の確保を目的としたものではないから、同法第三九条第一項に定められている被告熊本県知事の処分権限は漁業調整、船舶の航行、てい泊、けい留、水底電線の敷設その他以上の場合に類するような公益上の必要がある場合に限って行使されることが予定されているものと解される。そして、漁業法上、国民の生命、健康の被害の防止ないし安全の確保のために、都道府県知事をして漁業協同組合に対し漁業権行使の停止を一義的で明白に裁量の余地なく義務付けた規定は存在しない。

（総覧続巻一頁・自治九七号八〇頁）

第二節　漁業の定義（二条）

一―二―一　漁業法にいう「漁業」の意義

仙台高裁刑
昭二五・四・二三判決、破棄差戻
一審　青森簡裁

第二条　この法律において「漁業」とは、水産動植物の採捕又は養殖の事業をいう。
2　この法律において「漁業者」とは、

関係条文　旧漁業法一条（現二条）・三五条（現五二条）、機船底曳網漁業取締規則（昭和九年農林省令二〇号）一条

一　漁業法（明治四三年法律第五八号）第一条にいう「業とする」とは、「反覆継続して之を行う意思を以つて水産動植物の採捕又は養殖を行う」意と解するを相当とする。

二　中型機船底曳網漁業取締規則違反の犯罪が成立するためには、営利の目的の存在を要する。

三　中型機船底曳網漁業取締規則違反の犯罪事実の判示には、同規則にいう底曳網に該当するものであることを現わす具体的な説明を要する。

（総覧二頁・高裁刑特報七三号一二九頁）

一―二―二　機船底曳網漁業を「営む」の意義

最高裁二小刑、昭和二八年(あ)第一七一五号

昭三〇・六・二二判決、棄却

一審　大分地裁　　二審　福岡高裁

関係条文　漁業法二条、機船底曳網漁業取締規則八条・二条

機船底曳網漁業取締規則第八条にいわゆる機船底曳網を営むとは、同漁業が現実に開始されることをもつて足り、漁獲の事実を必要としない。

（総覧五五九頁・最高裁刑集九巻七号一一七二頁）

一―二―三　機船底曳網漁業を「営む」の意義（その二）

漁業を営む者をいい、「漁業従事者」とは、漁業者のために水産動植物の採捕又は養殖に従事する者をいう。

旧一条　本法ニ於テ漁業ト称スルハ営利ノ目的ヲ以テ水産動植物ノ採捕又ハ養殖ヲ業トスルヲ謂フ

本法ニ於テ漁業者ト称スルハ漁業ヲ為ス者及漁業権又ハ入漁権ヲ有スル者ヲ謂フ

福岡高裁刑、昭和二八年(う)第一一一三号
昭二八・六・二六判決、棄却
一審　大分地裁
関係条文　機船底曳網漁業取締規則一条ノ二・二七条一項、旧漁業法一条（現二条）

漁獲の目的をもつて底曳網を海底に下しこれを曳引した以上、漁獲の有無に拘らず機船底曳網漁業取締規則にいわゆる漁業をなしたものと解する。

（総覧五五三頁）

一―二―四　機船底曳網漁業を「営む」の意義（その三）

福岡高裁刑、昭和二七年(う)第五七六号
昭二七・六・五判決、棄却
一審　大分地裁
関係条文　機船底曳網漁業取締規則八条

水産動植物採捕の目的をもつて機船底曳網漁業用の機船二隻を使用し、同両船により、同漁業用の漁網を海底におろした上、現にこれが曳引を開始した以上、たとえ漁獲の事実がなく、あるいは、機船への漁網の引揚もしくは、所期の目的地点までの漁網曳引の事実がなくとも機船底曳網漁業取締規則第八条にいう機船底曳網漁業を営んだものに該当する。

（総覧五六七頁・高裁刑特報一九巻九九頁）

一―二―五　機船底曳網漁業を「営む」の意義（その四）

大審院刑、昭和八年(れ)第一三八六号

昭八・一一・二判決、棄却

一審　高知区裁　　二審　高知地裁

関係条文　機船底曳網漁業取締規則一条・七条

水産動植物採補の目的を以つて手繰網その他の底曳網を海底に下し、これを曳引した以上は漁獲の有無は勿論、底曳網を機船に引揚げると否とを問わず機船底曳網漁業取締規則にいわゆる漁業を為したものであると解する。

（総覧六三二頁・刑集一二巻二〇六頁）

一―二―六　水産動植物の「採補」の意義

最高裁三小刑、昭和四五年(あ)第九五〇号

昭四六・一一・一六判決、破棄、差戻

一審　水戸簡裁　　二審　東京高裁

関係条文　水産資源保護法四条・二五条、茨城県内水面漁業調整規則二七条

水産資源保護法第二五条にいう「採補」には、現実の補獲のみならず、さけを補獲する目的で河川下流において、かさね刺網を使用する行為も含まれる。

（総覧九一八頁・最高裁刑集二五巻八号九六四頁）

一―二―七　漁業者が営む自己所用の餌料採補は、漁業法の漁業に該当する。

行政裁、明治四三年第二二二号

大五・六・八判決

関係条文　旧漁業法一条（現二条）

漁業法の漁業者が営む自己所用の餌料採補もまた漁業法にいう漁業に属する。

（総覧五頁・行録二七輯六二七頁）

第三節　適用範囲（三条、四条）

一―三―一　漁業法は、国後島沿岸二・五海里の海域にも及ぶか。

最高裁二小刑、昭和四四年(あ)第八九号

昭四五・九・三〇判決、棄却

一審　釧路地裁　二審　札幌高裁

関係条文　漁業法三条・四条・六六条・一三八条六号

国後島ケラムイ崎北東約五海里で同島沿岸線から約二・五海里の海域は、漁業法第六六条第一項の無許可漁業禁止の効力の及ぶ範囲に含まれる。

（総覧六八二頁・最高裁刑集二四巻一〇号一四三五頁）

一―三―二　漁業法は外国の領海にも及ぶか。

最高裁一小刑、昭和四四年(あ)第二七五九号

第三条　公共の用に供しない水面には、別段の規定がある場合を除き、この法律の規定を適用しない。

第四条　公共の用に供しない水面であつて公共の用に供する水面と連接して一体を成すものには、この法律を適用する。

旧二条　公共ノ用ニ供セサル水面ニハ別段ノ規定アル場合ヲ除クノ外本法ノ規定ヲ適用セス

旧三条　公共ノ用ニ供スル水面ト連接

昭四六・四・二二判決、破棄差戻
一審　釧路地裁　　二審　札幌高裁
関係条文　漁業法三条・四条・六六条・一三八条六号・北海道海面漁業調整規則一条

北海道地先海面に関しては、漁業法第六六条第一項は、北海道地先海面であつて、漁業法及び同法に基づく北海道海面漁業調整規則の目的である漁業秩序の確立のための漁業取締りその他漁業調整を必要とする範囲の、わが国領海における漁業及び公海における日本国民の漁業のほか、これらのわが国領海及び公海と連接して一体をなす外国の領海における日本国民の漁業にも適用される。

（総覧七〇六頁・最高裁刊集二五巻三号四九二頁）

一―三―三　北海道漁業調整規則は、外国の領海にも及ぶか。

最高裁一小刑、昭和四四年(あ)第二七三六号
昭四六・四・二二判決、破棄差戻
一審　釧路地裁　　二審　札幌高裁
関係条文　漁業法三条・四条・六五条一項、水産資源保護法四条一項、北海道海面漁業調整規則一条・三六条

北海道海面漁業調整規則第三六条は、北海道地先海面であつて、漁業法、水産資源保護法及び北海道海面漁業調整規則の目的である水産資源の保護培養及び維持ならびに漁業秩序の確立のための漁業取締りその他漁業調整を必

シ一体ヲ成ス公共ノ用ニ供セサル水面ニハ本法ヲ適用ス
前項ノ水面ノ占有者又ハ其ノ敷地ノ所有者ハ行政官庁ノ許可ヲ得テ漁業ニ関シ之カ利用ヲ制限シ又ハ廃止スルコトヲ得

要とする範囲の、わが国領海における漁業及び公海における日本国民の漁業のほか、これらのわが国領海及び公海と連接して一体をなす外国の領海における日本国民の漁業にも適用される。

（総覧四四四頁・最高裁刊集二五巻三号四五一頁）

一―三―四　色丹島周辺海域における無許可のかにかご漁業の操業に対して北海道漁業調整規則の適用が認められた例

最高裁三小刑、平成四(あ)第四六六号

平八・三・二六決定、上告棄却

一審　釧路地裁　二審　札幌高裁

関係条文　漁業法三条・四条・六五条、水産資源保護法四条一項、北海道海面漁業調整規則（平成二年北海道規則第一三号改正前）五条一五号・五五条一項一号

一定の漁業を禁止する旨の規定は、本来、主務大臣又は北海道知事が漁業取締を行うことが可能である範囲の海面における漁業、すなわち、以上の範囲の、わが国領海における漁業及び公海における日本国民の漁業に適用があるものと解される。そして、前記各法律及び調整規則の目的とするところを十分に達成するためには、何等境界もない広大な海洋における水産動植物を対象として行われる漁業の性質にかんがみれば、日本国民が前記範囲のわが国領海又は公海と連接して一体をなす外国の領海においてした調整規則の規定に違反する行為をも処罰する必要のあることは、いうをまたないところで

あり、それゆえ、その罰則規定は、当然日本国民がかかる外国の領海において営む漁業にも適用される趣旨のものと解するのが相当である。

したがつて、このことは北海道漁業調整規則のかにかご漁業の無許可操業の禁止規定及びその罰則規定にも当てはまるほか、外国のいわゆる排他的経済水域において日本国民が営む漁業にも適用されるものである。

（総覧続巻二一二頁・タイムズ九〇五号一三六頁）

一―三―五　漁業法のいう「公共の用に供する水面」の意義

大審院刑、昭和五年(れ)第九四五号
昭五・七・三一判決、棄却
一審　名古屋区裁　　二審　名古屋地裁
関係条文　旧漁業法二条（現三条）・三条（現四条）・四条（現九条）
　五八条一項（現一三八条）、河川法一条・五条

河川の水面であつて満潮時船舶の航行する場所は、漁業法のいわゆる公共の用に供する水面に該当する。

（総覧一七頁・刑集九巻六二二頁）

一―三―六　機船底曳網漁業取締規則の効力の及ぶ範囲

大審院刑、昭和七年(れ)第五九七号
昭七・七・二一判決、棄却
一審　福江区裁　　二審　長崎地裁

関係条文　機船底曳網漁業取締規則（改正前）二条・一八条・漁業法三条・四条

機船底曳網漁業取締規則は、わが国に船籍を有する機船によりわが国の領海外において底曳網漁業をなす者に対しても適用されるものである。

（総覧六二九頁・刑集一一巻一一二三頁）

一―三―七　公共用水面埋立免許後における当該水面漁業免許の効力

大審院民、昭和一四年(オ)第七五二号

昭一五・二・一七判決、棄却

一審　金沢地裁七尾支部　　二審　名古屋控訴院

関係条文　旧漁業法二条（現三条）・三条（現四条）・四条（現九条）五条（現六条）、公有水面埋立法一条・二条・二四条

公共用水面埋立免許後当該水面に付与された漁業免許は、当然無効のものではなくして、ただ、その埋立に必要であつて水面の公共用と相容れない施設ないし埋立自体によつてその漁業権は漸次減縮し、あるいは全く消滅するに至るべきものと解する。

（総覧一一頁・民集一九巻一一九頁）

一―三―八　機船底曳網漁業禁止区域内の公海における操業と犯罪の成立

大審院刑、昭和四年(れ)第四九二号

昭和四・六・一七判決、棄却

一審　山田区域　　二審　安濃津地裁
関係条文　刑訴法一条、刑法一条・八条、機船底曳網漁業取締規則七条・一九条
機船底曳網漁業をなすわが国船舶の船長代理が機船底曳網漁業禁止区域内の一部において操業したときは、たとえその部分が公海に属していても機船底曳網漁業取締規則第一九条第一項第二号の犯罪を構成するものである。
（総覧六三四頁・刑集八巻三七一頁）

第四節　共同申請（五条）

一―四―一　代表者を選定しないで登録を申請することができるか。

大審院民、大正九年(オ)第一七九号
大九・七・八判決、棄却
一審　玉津区裁　　二審　大分地裁
関係条文　改正前の旧漁業法施行規則一八条（現漁業法五条）

旧漁業法施行規則第一八条、第三三条は、二人以上共同して漁業の免許を出願し若しくは単独名義の漁業権につき共有関係成立し、免許状の書換を当該官庁に申請しようとする場合、内一人を代表者に選定して願書又は申請書に記載してこの手続をしなければ、代表者の選定を行政官庁に対抗することができない趣旨を規定したのにとどまり、代表者を選定しなければ右免許又は書換の出願若しくは申請をなすことができない旨を規定したものではない。したがつて、本件のように共有名義の登録手続を求める場合代表者を選

第五条　この法律又はこの法律に基く命令に規定する事項について二人以上共同して申請しようとするときは、そのうち一人を選定して代表者とし、これを行政庁に届け出なければならない。代表者を変更したときもまた同じである。
2　前項の届出がないときは、行政庁は、代表者を指定する。
3　代表者は、行政庁に対し、共同者を代表する。
4　前三項の規定は、二人以上共同し

定しないからといって、登録を申請することができないということではない。

（総覧一九頁・民集二六輯九六一頁）

一―四―二　小型定置網漁業の許可申請に対する不作為の違法確認請求が却下された事例

鳥取地裁民、昭和六二年(行ウ)第一号

昭六三・三・二四判決、却下

関係条文　漁業法五条、行訴法三条五項

共同申請に係る小型定置網漁業許可申請についての不作為の違法確認請求について、既に共同申請の代表者に許可処分が通告され、漁業法第五条第三項により、原告との関係においても許可が有効にされたものであって、訴えの利益を欠く不適法のものである。

（総覧続巻二頁・自治四八号八三頁）

て漁業権又はこれを目的とする抵当権若しくは入漁権を取得した場合に準用する。

旧施行規則二十五条　二人以上共同シテ漁業ノ免許ヲ受ケムトスルトキハ内一人ヲ選定シテ代表者ト為シ之ヲ行政官庁ニ届出テ又ハ出願ノ書面ニ記載スヘシ

前項ノ規定ニ依リ代表者ノ届出又ハ記載ナキトキハ行政官庁ハ代表者ヲ指定スヘシ

旧施行規則十八条　二人以上共同シテ漁業ニ関スル権利ヲ享有行使シ又ハ漁業ニ関シ出願又ハ申請ヲ為ストキハ内一人ヲ選定シテ代表者ト為シ之ヲ行政官庁ニ届出テ又ハ出願若ハ申請ノ書面ニ記載スヘシ代表者ノ変更アリタルトキ亦同シ代表者ハ行政官庁ニ対シ共同シテ漁業ニ関スル権利ヲ享有行使スル者又ハ共同出願者若

ハ共同申請者ヲ代表ス

代表者ノ変更ハ第一項ノ手続ヲ為スニ非ザレハ之ヲ以テ行政官庁ニ対抗スルコトヲ得ス

第二章　漁業権及び入漁権

第一節　漁業権の定義（六条）

二―一―一　地まき式養殖業の対象となる貝類を、第三者が採捕した場合の窃盗罪の構成の有無

最高裁三小、昭和二九年(あ)第二一四四号
昭三五・九・一三判決、棄却
一審　玉島簡裁　二審　広島高裁
関係条文　漁業法六条、刑法二三五条

漁業協同組合が第三種区画漁業を内容とする区画漁業権の免許を受けあさり貝の稚貝を移殖し、あさり貝を養殖している区画内で第三者があさり貝を採取したとしても、天然に繁殖したあさり貝も生存し、漁業権侵害の罪を構成することは格別、窃盗罪は構成しない。

（総覧二四頁・裁判集刊一三五号二八九頁）

二―一―二　共同漁業権を有する漁業協同組合が、漁業権設定海域でダイビングするダイバーから一方的に潜水料を徴収する法的根拠はなく、徴収した潜水料を不当利得として返還しなければならないとされた事例

第六条　この法律において「漁業権」とは、定置漁業権、区画漁業権及び共同漁業権をいう。

2　「定置漁業権」とは、定置漁業を営む権利をいい、「区画漁業権」とは、区画漁業を営む権利をいい、「共同漁業権」とは、共同漁業を営む権利をいう。

3　「定置漁業」とは、漁具を定置して営む漁業であつて左に掲げるものをいう。

一　身網の設置される場所の最深部が最高潮時において水深二十七メートル（沖縄県にあつては、十五メートル）以上であるもの（瀬戸内海（第百九条第二項に規定する

東京高裁民、平成七年(ネ)第四三四一号

平八・一〇・二八判決、控訴棄却

一審　静岡地裁沼津支部

関係条文　漁業法六条・二三条、民法七〇三条

一　共同漁業権を有しているからといつて、本件海域おいてダイビングをしようとする者に対し、その同意がないにもかかわらず、一方的に潜水料を支払うことを要求し、その支払いがない場合にダイビングを禁止することはできない。

二　海が公共用水面である上、特定の水面に漁業権が重複して免許されることがあることからすると、漁業権を有する者は、免許の対象となつた特定の種類の漁業、すなわち、水産動植物の採捕又は養殖の事業を営むために必要な範囲及び様態においてのみ海水面を使用することができるに過ぎず、右の範囲及び様態を超えて無限定に海水面を支配あるいは利用する権利を有するものではない。（総覧続巻二三頁・タイムズ九二五号二六四頁）

二―一―三　定置漁業権に基づくマリーナ建設工事等差止請求控訴事件

高松高裁民、平成六年(ネ)第四五六号

平七・九・一判決、棄却・上告

一審　高松地裁

関係条文　漁業法六条二項・三項・二一条・一一条・一一条の二・一

海面をいう。）におけるます網漁業並びに陸奥湾（青森県焼山崎から同県明神崎灯台に至る直線及び陸岸によつて囲まれた海面をいう。）における落とし網漁業及びます網漁業を除く。）

二　北海道においてさけを主たる漁獲物とするもの

4　「区画漁業」とは、左に掲げる漁業をいう。

一　第一種区画漁業　一定の区域内において石、かわら、竹、木等を敷設して営む養殖業

二　第二種区画漁業　土、石、竹、木等によつて囲まれた一定の区域内において営む養殖業

三　第三種区画漁業　一定の区域内において営む養殖業であつて前二号に掲げるもの以外のもの

5　「共同漁業」とは、左に掲げる漁業であつて一定の水面を共同に利用

三条一項二項

漁業権は免許によってはじめて付与され、その付与された漁業権はその存続期間満了によって当然に消滅するものであり、更新制度も認められていない以上、原告の免許申請の却下等に対して、その無効、取消等を主張し、その中で、いかなる漁場計画が樹立されるべきであったかを論じることの当否はともかく、新たな免許を受けていない同人に、免許を受けたと同じ法的地位を認めることはできない。

（総覧続巻一〇頁・自治一四七号八六号）

二―一―四　定置漁業権は、その漁場に向かつて来遊する魚族を独占捕獲する権利を有するものではない。

行政裁、明治四三年第一九四号

明四四・三・一三判決

関係条文　旧漁業法四条（現六条）、旧漁業法施行規則八条一項

一　漁業免許出願に当つて利害関係ある漁業者と協定を要するとの慣習は行政上の便宜にすぎないものであつて、これに違反した処分を違法とするものではない。

二　鰤大敷網漁業権者はその漁場に向つて来遊する魚族（免許された漁獲物）を独占捕獲する権利を有するものではない。したがつて、新規漁業のために障害を受けても直ちにその権利を侵害されたということはできない。

（総覧三六頁・行録二二輯一六七頁）

して営むものをいう。

一　第一種共同漁業　そう類、貝類又は主務大臣の指定する定着性の水産動物を目的とする漁業

二　第二種共同漁業　網漁具（えりやな類を含む。）を移動しないように敷設して営む漁業であつて定置漁業及び第五号に掲げるもの以外のもの

三　第三種共同漁業　地びき網漁業、地こぎ網漁業、船びき網漁業（動力漁船（漁船法（昭和二十五年法律第百七十八号）第二条第二項に規定する動力漁船をいう。以下同じ。）を使用するものを除く。）、飼付漁業又はつきいそ漁業（第一号に掲げるものを除く。）であつて、第五号に掲げるもの以外のもの

四　第四種共同漁業　寄魚漁業又は鳥付こぎ釣漁業であつて、次号に掲げるもの以外のもの

二一一五　養殖中の真珠母貝を他人が権利なしに採捕したときは窃盗罪を構成する。

大審院刑、大正一四年(れ)第二〇三六号

昭元・一二・二五判決、破棄自判

一審　山田区裁　二審　安濃津地裁

関係条文　旧漁業法五条（現六条）、刑法二三五条

一　真珠貝養殖業者が稚貝を採捕して放養場に放養した場合においては、その真珠貝は自然に発生した海藻魚貝と異なり養殖業者の所有に属するので、他人が権利がないのにこれを捕獲するときは窃盗罪を構成する。

二　漁業組合員の共有に属し、かつ一定の場所に放養してある真珠貝を組合員の一人が不正に領得する意思をもって自己単独の占有に移したときは窃盗罪を構成する。

（総覧三八頁・刑集五巻一二号六〇三号）

二一一六　専用漁業権は、免許された一定水面を排他的に占有する権利ではない。

大審院民、昭和八年(オ)第二六四四号

昭九・四・七判決、棄却

一　審　長崎控訴院

関係条文　旧漁業法五条（現六条）

専用漁業権は、免許された一定の水面を専用して一定の水産動植物を採取

五　第五種共同漁業　内水面（主務大臣の指定する湖沼を除く。）又は主務大臣の指定する湖沼に準ずる海面において営む漁業であつて第一号に掲げるもの以外のもの

旧四条　漁具ヲ定置シ又ハ水面ヲ区画シテ漁業ヲ為スノ権利ヲ得ムトスル者ハ行政官庁ノ免許ヲ受クヘシ其ノ免許スヘキ漁業ノ種類ハ主務大臣之ヲ指定ス

旧五条　水面ヲ専用シテ漁業ヲ為スノ権利ヲ得ムトスル者ハ行政官庁ノ免許ヲ受クヘシ

前項ノ免許ハ漁業組合カ其ノ地先水面ノ専用ヲ出願シタル場合ノ外之ヲ興ヘス

旧六条　前二条ノ外主務大臣ニ於テ免許ヲ受ケシムル必要アリト認ムル漁業ノ種類ハ命令ヲ以テ之ヲ定ム

捕獲することをもつてその内容とするものであつて、所有権のように当該区域の全水面を排他的に占有する権利ではないので、同漁業権の実施に妨げのない限り何人といえども当該水面の使用はこれをなし得るものと解せざるをえない。したがつて、原判決は被上告人が設備した桟橋を上告人の有する本件漁業権の実施に対し何等の障碍を与えない旨認定したものであるので、被告人の専用漁業権侵害の責に任すべきものではない。

（総覧三九頁・新聞三六八六号一七頁）

二―一―七　専用漁業権を有する当該区域内の動植物の上に当然占有権又は所有権を取得しない。

大審院刑、大正一一年(れ)第一二九九号

大一一・一一・三判決、棄却

一審　福江区裁　　二審　長崎地裁

関係条文　旧漁業法一条（現二条）・一一条（現六条）、刑法二三五条

漁業専用区域の海中の自然に散在する岩石に海草の繁殖を容易ならしめるため漁業権者が、ある種の人工を加え又はその付近に監守者を置き他人のこれを取り去るのを防止する手段を施したとしても、これによつてその岩石に付着してきた海草は直ちに漁業権者の所有に帰するものではない。他人が不法にこれを領得する行為は漁業権の侵害に当ることは勿論であるけれども、窃盗罪を構成することはない。

（総覧四二頁・刑集一巻六二二頁）

二一—八　専用漁業免許は、水面を独占する権利を付与するものではない。

行政裁、明治四〇年第三三号

明四一・一一・一九判決

関係条文　旧漁業法五条（現六条）

一　漁業法にいわゆる専用漁業とは、一定の水面を専用し限定せられた種類の漁業を行うものであるので、その区域内において他人に定置漁業を免許するには当然、当該漁業者の承諾を必要とするものではない。

二　専用漁業免許は水面を独占する権利を付与するものではないので、その免許を受けた者は当然当該区域内に於て定置漁業を免許せられるべき権利があるということはできない。

（総覧四三頁・行録一九輯一二九八頁）

二一—九　入漁権登録処分は漁業免許に当らない。

行政裁、明治四二年第一六九号

明四三・七・九判決、棄却

関係条文　旧漁業法三条・四条（現六条）

漁業法にいわゆる漁業免許とは同第三条、第四条（明治四三年改正前の旧法）に基づく定置漁業、区画漁業、特別漁業及び専用漁業の権利を設定する処分を指称する。したがつて、入漁登録処分のごときはこれを包含しない。

（総覧四四頁・行録二一輯一二五九頁）

二一一〇　干潟漁業の範囲

行政裁、明治四三年第七一号

明四三・一二・二七判決

関係条文　旧漁業法三条・四条（現六条）

干潟漁業は通例、新月満月の干潮に露出する海面においてその退潮時を利用し営む漁業であるが、いやしくも徒歩で作業する以上は、一二尺の水深があるときといえどもなお干潟漁業に属するものである。

（総覧四五頁・行録二一輯一六四五頁）

二一一一　道府県規則に基づく禁漁区と漁業権の関係

東京高裁刑、昭和二二年(れ)第一一五〇号

昭二三・二・一六判決、棄却

一審　函館区裁　　二審　函館地裁

関係条文　旧漁業法五条（現六条）、北海道漁業取締規則三五条・三六条

北海道庁長官が禁漁区と指定した場所が、同時に鯔地曳網の専用漁業権の許容区域内である場合には、右専用漁業権者といえども、鯔以外の魚たる鮭を捕獲する目的をもつて鯔地引網を使用して鮭を捕獲することは、北海道漁業取締規則に違反する行為である。

（総覧四七頁・高裁刑集一巻一号二九頁）

第二節　入漁権の定義（七条）

二―二―一　漁業組合の入漁権の欠缺と組合員相互間における権利主張

大審院民、昭和一五年(オ)第一二三九号

昭一六・四・二六判決、破棄差戻

一審　那覇区裁　二審　那覇地裁

関係条文　旧漁業法一二条（現七条）・二六条（現五〇条）

旧漁業法施行前の慣行による入漁権取得者が漁業組合である場合に、その組合員各自が組合の入漁権に基づき漁業をなす権利は、何時でも組合員相互間においてこれを主張することができ、これらを主張するためには組合の入漁権取得の登録があることを要しないものである。

（総覧五二頁・民集五〇巻五七〇頁）

二―二―二　将来、更新により取得すべき漁業権にあらかじめ入漁権の設定を約した契約は有効である。

大審院民、昭和七年(オ)第二四六二号

昭八・五・一八判決、棄却

一審　長崎控訴院

関係条文　旧漁業法一二条（現七条）、民法一七六条

将来基本たる物権を取得すべきことを予想し、その取得を条件としてこれに制限物権の設定をなし得ないものではない。将来発生すべき物権について、

第七条　この法律において「入漁権」とは、設定行為に基き、他人の共同漁業権又はひび建養殖業、そう類養殖業、真珠母貝養殖業、小割り式養殖業（網いけすその他のいけすを使用して行なう水産動物の養殖業をいう。）、かき養殖業若しくは第三種区画漁業たる貝類養殖業を内容とする区画漁業権（以下「特定区画漁業権」という。）に属する漁場においてその漁業権の内容たる漁業の全部又は一部を営む権利をいう。

旧十二条　入漁権者ハ設定行為又ハ旧法施行前ノ慣行ニ従ヒ他人ノ専用漁業権ニ属スル漁場内ニ入会ヒ其ノ専用漁業権ノ全部又ハ一部ノ漁業ヲ為スノ権利ヲ有ス

あらかじめその処分をなす行為は有効であって、存続期間の更新により発生すべき新たなる専用漁業権上にその発生を条件として入漁権を設定することは、何等民法第一七六条の法意に反するものではない。

（総覧五四頁・新聞三五六三号七頁）

二―二―三　入漁権の登録処分は、営業免許処分に当らない。

行政裁、明治四四年第一三一号

明四四・九・二九裁決、却下

関係条文　旧漁業法一二条（現七条）

入漁権に関しては漁業法において免許又は許可の処分を求めない。これに関してはただ登録の処分を認めるのみであって、したがって、登録処分に対して行政訴訟を提起することはできない。

（総覧五七頁・行録二二輯九三六頁）

二―二―四　入漁権は私権である。

大審院民、明治四四年(オ)第二一〇号

明四四・一一・一七判決、棄却

一審　森岡地裁　　二審　宮崎控訴院

関係条文　旧漁業法一二条（現七条）・二六条（現五〇条）

入漁権なるものは旧漁業法においても、新漁業法におけると同じく慣行又は契約により生ずる純然たる私法上の権利であって、行政処分をもって授与する専用権ではない。

（総覧三九四頁・民録一七輯六六九頁）

二―二―五　入漁料の意義

大審院民、昭和一六年(オ)第一六六号

昭一六・七・一五判決、破棄差戻

一審　宮城控訴院

関係条文　旧漁業法一二条（現七条）

漁業法に規定されている入漁料とは、その名義の如何を問わず入漁権者が入漁の対価として漁業権者に対して支払うべき金銭その他の財産をいい、入漁権者がこのような趣旨において支払うものである以上、当該入漁権の取得が慣行に基づくとあるいは設定行為に基づくとによりその性質を異にせざると共に、入漁当時何らその対価を支払う約束がなく又これを支払う慣行がなかつたとしても、その後に至つて漁業権者に対し入漁の対価を支払うことを約束したときは、これを漁業法でいうところの入漁料と認めることを妨げないものである。

（総覧五七頁・新聞四七一八号一三頁）

第三節　組合員の漁業を営む権利（八条）

二―三―一　漁業協同組合が漁業法第八条第二項に規定する事項について総会決議により漁業権行使規則の定めと異なつた規律を行うことの許否

最高裁民三小、平成五年(オ)第二七八号
平九・七・一判決、破棄自判
一審　高松地裁　二審　高松高裁
関係条文　漁業法八条、水協法五〇条五号

共同漁業権についての法制度にかんがみると、漁業協同組合が、その有する共同漁業権の内容である漁業を営む権利を有する者の資格に関する事項その他の漁業法第八条第二項に規定する事項について、総会決議により漁業権行使規則の定めと異なつた規律を行うことは、たとえ当該決議が水産業協同組合法第五〇条第五号に規定する特別決議の要件を満たすものであったとしても、許されないものと解するのが相当である。

（総覧続巻九五頁・「時報」一六一七号七二頁）

二―三―二　漁業法第八条第三項及び第五項は、漁業権の変更の場合に適用又は類推適用すべきものではない。

最高裁民三小、昭和五七年(行ツ)第一四九号
昭六〇・一二・一七判決、棄却

第八条　漁業協同組合の組合員（漁業者又は漁業従事者であるものに限る。）であって、当該漁業協同組合又は当該漁業協同組合を会員とする漁業協同組合連合会がその有する各特定区画漁業権若しくは共同漁業権又は入漁権ごとに制定する漁業権行使規則又は入漁権行使規則で規定する資格に該当する者は、当該漁業協同組合又は漁業協同組合連合会の有する当該特定区画漁業権若しくは共同漁業権又は入漁権の範囲内において漁業を営む権利を有する。

2　前項の漁業権行使規則又は入漁権行使規則（以下単に「漁業権行使規則」又は「入漁権行使規則」という。）には、同項の規定による漁業を営む権利を有する者の資格に関する事項のほか、当該漁業権又は入漁権の内

一審　札幌地裁　二審　札幌高裁

関係条文　漁業法八条三項・五項・行訴法九条

一　公有水面埋立法（昭和四八年法律第八四号による改正前のもの）第二条の埋立免許及び同法第二二条の竣功認可の取消訴訟につき、当該公有水面の周辺の水面において漁業を営む権利を有するにすぎない者は、原告適格を有しない。

二　漁業協同組合の有する特定区画漁業権又は第一種共同漁業を内容とする共同漁業権について漁業権行使規則を定め、又は変更若しくは廃止しようとするときは、水産業協同組合法の規定による総会の議決前に、その組合員のうち、当該漁業権に係る漁業の免許の際において当該漁業権の内容たる漁業を営む者であって地元地区又は関係地区の区域内に住所を有する者の三分の二以上の書面による同意を得なければならない旨規定する漁業法第八条第三項及び第五項は、漁業権の変更の場合に適用又は類推適用すべきものではない。

（総覧続巻三一頁・タイムズ五八三号六三頁）

二―三―三　漁業協同組合が漁業権を放棄するには、漁業法第八条第五項、第三項に定める同意を要しない。

札幌高裁民、昭和五一年(行コ)第三号

昭五七・六・二二判決

一審　札幌地裁

容たる漁業につき、漁業を営むべき区域及び期間、漁業の方法その他当該漁業を営む権利を有する者が当該漁業を営む場合において遵守すべき事項を規定するものとする。

3　漁業協同組合又は漁業協同組合連合会は、その有する特定区画漁業権又は第一種共同漁業を内容とする共同漁業権について漁業権行使規則を定めようとするときは、水産業協同組合法（昭和二十三年法律第二百四十二号）の規定による総会の議決前に、その組合員（漁業協同組合連合会の場合には、その会員たる漁業協同組合の組合員。以下同じ。）のうち、当該漁業権に係る漁業の免許の際において当該漁業権の内容たる漁業を営む者（第十四条第六項の規定により適格性を有するものとして設定を受けた特定区画漁業権及び第一種共同漁業を内容とする共同漁業権につ

関係条文　漁業法八条・一一条一項、水協法四八条・五〇条、公有水面埋立法二条・四条

一　漁業協同組合が漁業権を放棄するには、水産業協同組合法第五〇条による総会の特別決議があれば足り、そのほかに漁業法第八条所定の手続を経ることは必要でない。

二　公有水面埋立免許処分に基づいてされる埋立工事海面の周囲及びその至近距離において、漁業協同組合が有する第一種区画の漁業権及び第一ないし第三種共同漁業権に基づき、現実に漁業を営んでいる組合員らが、右免許処分の取消を求める法律上の利益を有しない。

三　二掲記の組合員らが、公有水面埋立竣功認可処分の取消しを求める法律上の利益を有しない。

（総覧一一一頁・行裁集三巻六号一三二〇号）

二―三―四　第一種共同漁業を内容とする共同漁業権の放棄にあたつて漁業法第八条第五項、第三項の類推適用を要するとした事例

福岡高裁、昭和四六年(行コ)第一三号
昭四八・一〇・一九判決、棄却（確定）
一審　大分地裁

関係条文　漁業法八条・一一条一項、水協法四八条・五〇条、公有水面埋立法二条・四条

漁業協同組合が、第一種共同漁業を内容とする共同漁業権を放棄する場合

いては、当該漁業権に係る漁場の区域が内水面（第八十四条第一項の規定により主務大臣が指定する湖沼を除く。第二十一条第一項を除き以下同じ。）以外の水面である場合にあっては沿岸漁業（総トン数二十トン以上の動力漁船を使用して行なう漁業及び内水面における漁業を除いた漁業をいう。以下同じ。）を営む者、河川以外の内水面である場合にあっては当該内水面において漁業を営む者、河川である場合にあっては当該河川において水産動植物の採捕又は養殖をする者）であって、当該漁業権に係る第十一条に規定する地元地区（共同漁業権については、同条に規定する関係地区）の区域内に住所を有するものの三分の二以上の書面による同意を得なければならない。

4　漁業権行使規則又は入漁権行使規則は、都道府県知事の認可を受けな

には、漁業法第八条第五項、第三項の類推適用により、水産業協同組合法第五〇条、第四八条に定める特別決議の方法による総会の議決に先立ち、現に当該漁業権の内容たる第一種共同漁業を営む者であって、当該漁業の関係地区内に住所を有するものの三分の二以上の書面による同意を得るか、同議決との時間的先後はさておき、右三分の二以上のものの書面による同意と同一視し得べき明確な同意を得ることを要するものと解するのが相当である。

（総覧七四頁・行裁集三四巻一〇号一〇七二頁）

二―三―五　組合員の漁業を営む権利は、漁業協同組合の漁業権に依拠し、そこから派生する権利である。

長崎地裁民、昭和六二年(行ウ)第一号

昭六三・五・二七判決、却下（確定）

関係条文　漁業法八条・一〇条・一一条・一四条、行訴法三六条

一　漁業協同組合の組合員の漁業を営む権利は、当該漁業協同組合の漁業権に依拠し、そこから派生する権利である。

二　漁業協同組合の組合員は、知事が当該漁業協同組合に対し、その申請どおりにした共同漁業権免許処分につき、その無効確認をもとめる原告適格を有しない。

（総覧続巻三四頁・訟務三五巻一号一二六頁）

二―三―六　共同漁業権は総会の特別決議により放棄することができ、放棄

ければ、その効力を生じない。

5　第三項の規定は特定区画漁業権又は第一種共同漁業を内容とする共同漁業権に係る漁業権行使規則の変更又は廃止について、前項の規定は漁業権行使規則又は入漁権行使規則の変更又は廃止について準用する。この場合において、第三項中「当該漁業権に係る漁業の免許の際において当該漁業権の内容たる漁業を営む者」とあるのは、「当該漁業権の内容たる漁業を営む者」と読み替えるものとする。

〈昭和三七年法律第一五六号による改正前のもの〉

第八条　漁業協同組合の組合員であって漁民（漁業者又は漁業従事者たる個人をいう。以下同じ。）であるものは、定款の定めるところにより、当該漁業協同組

された水面においては漁業権から派生する行使権も消滅することになる。

福岡高裁民、昭和六二年(行コ)第三号
昭六二・六・一二判決、棄却
一審　鹿児島地裁
関係条文　漁業法八条一項・一四条八号・二二条、水協法五〇条、公有水面埋立法二条・四条・五条・六条・七条

漁業協同組合は、総会において、本件公有水面に関し共同漁業権の一部放棄の特別決議を行ったものであるから、これにより右共同漁業権及びこれから派生する権利である漁業を営む権利も本件公有水面につき消滅することとなる。

（総覧続巻三七頁・時報一二四九号四六頁）

二―三―七　新石垣空港建設に伴う漁業権行使権確認請求控訴を棄却した事例

福岡高裁民、昭和六三年(ネ)第二五号
平元・三・七判決、棄却
一審　那覇地裁
関係条文　漁業法八条一項・一〇条・一一条

一　漁業行使権確認請求につき、被告が訴訟中に右権利の存在を認めたとしても、それだけでは確認の利益は失われない。

合を会員とする漁業協同組合連合会の有する共同漁業権、区画漁業権（ひび建養殖業、かき養殖業、内水面における魚類養殖業又は第三種区画漁業たる貝類養殖業を内容とするものに限る。）又は入漁権の範囲内において各自漁業を営む権利を有する。

〔**備考**〕　平成一三年六月「漁業法等の一部を改正する法律」によって、新しく次の第三一条（組合員の同意）が追加される。

第三十一条　第八条第三項から第五項までの規定は、漁業協同組合又は漁業協同組合連合会がその有する特定区画漁業権又は第一種共同漁業を内容とする共同漁業権を分割し、変更し、又は放棄しようとするときに準用する。この場合において、同条第三項中「当該漁業権に係る漁業の免許の際において当該漁業権の内容た

二　漁業権免許状には除外区域の記載がなくても、免許に至る諸事情から漁業権の漁場区域から除外区域が除外されていることは、明らかである。

（総覧続巻五一頁・自治四六号六六頁）

二―三―八　漁業権は免許を受けた漁業協同組合に帰属するもので、組合員の総有に属するものではない。

仙台高裁民、昭和六一年(ネ)第五四四号

昭六三・三・二八判決、棄却（確定）

一審　青森地裁

関係条文　漁業法八条一項・一一条・二二条

漁業権は、免許を受けた漁業協同組合又は漁業協同組合連合会に帰属するものであって、関係地区漁民ないし組合員の総有に属するものではない。

（総覧続巻四七頁・訟務三四巻一〇号一九六五頁）

二―三―九　漁業法第八条第一項に規定する「漁業を営む権利」の法的性格

青森地裁民、昭和三九年(ワ)第一五号

昭六一・一一・一一判決、棄却

関係条文　漁業法八条一項、公有水面埋立法二条

漁業法八条一項に規定する「漁業を営む権利」は、漁業権そのものではなく漁業権から派生している権利であり、漁業協同組合の構成員たる地位と不可分の関係の社員権的権利というべきものである。

る漁業を営む者」とあるのは、「当該漁業権の内容たる漁業を営む者」と読み替えるものとする。

（総覧続巻八八頁・訟務三三巻七号一八五四頁）

二─三─一〇　組合員の有する漁業を営む権利は、構成員たる地位と不可分な、いわゆる社員権的権利であり、漁業協同組合の有する共同漁業権から派生し、これに附従する第二次的権利である。

仙台高裁民、昭和六三年(ネ)第四一号
平元・一〇・三〇判決、棄却（確定）
一審　秋田地裁
関係条文　漁業法八条・九条・一〇条・一四条、民法七〇九条

一　組合員の漁業を営む権利は、漁業協同組合という団体の構成員としての地位に基づき、漁業協同組合が制定し知事の認可により効力を有するに至る漁業権行使規則の定めるところに従って行使することのできる権利である。したがって、組合員の有する漁業を営む権利は、右構成員たる地位と不可分な、いわゆる社員権的権利であり、また、漁業協同組合の有する共同漁業権から派生しこれに附従する第二次的権利であるから、共同漁業権の消滅、廃止や制限との関わりのある問題については、漁業権の設定者である知事及び当該都道府県並びに国及びその所轄行政庁との関係は間接的なものになると解するのが相当である。

二　国の港湾計画に基づいて被控訴人秋田県が行った能代港の港湾整備工事に伴う土砂投棄により、漁業を営んでいた控訴人らの漁獲高が減少したなどとしてなされた損害賠償請求が、控訴人らの漁業を営む権利の基礎とな

る共同漁業権の主体である漁業協同組合と被控訴人との間での漁業補償契約の締結とこれに基づく補償金の支払いによって、すでに処理済みである。

（総覧続巻六七頁）

二—三—一　組合員の漁業を営む権利は、漁業協同組合という団体の構成員としての地位に基づき、組合の制定する漁業権行使規則の定めるところに従って行使することのできる権利である。

最高裁一小民、昭和六〇年(オ)第七八一号

平元・七・一三判決、破棄差戻

一審　大分地裁　二審　福岡高裁

関係条文　漁業法六条一項・八条、水協法八条一項九号、五〇条

一　共同漁業権は、古来の入会漁業権とはその性質を全く異にするものであって、法人たる漁業協同組合が管理権を、組合員を構成員とする入会集団が収益権能を分有する関係にあるとは到底解することができず、共同漁業権が法人としての漁業協同組合に帰属するのは、法人が物を所有する場合と全く同一であり、組合員の漁業を営む権利は、漁業協同組合という団体の構成員としての地位に基づき、組合の制定する漁業権行使規則の定めるところに従って行使することのできる権利である。

二　漁業協同組合がその有する漁業権を放棄した場合に漁業権消滅の対価として支払われる補償金は、法人としての漁業協同組合に帰属するものというべきであるが、現実に漁業を営むことができなくなることによって損失

を被る組合員に配分されるべきものであり、その方法について法律に明文の規定はないが、漁業権の放棄について総会の特別決議を要するものとする水協法の規定の趣旨に照らし、右補償金の配分は、総会の特別決議によってこれを行うべきものと解する。

（総覧続巻六一頁・訟務三五巻二号一九五頁）

二―三―一二　共同漁業権は漁業協同組合等に帰属し、各組合員に総有的に帰属するものではない。

和歌山地裁民、平成元年(行ウ)第二号

平五・三・三一判決、却下（確定）

関係条文　漁業法八条・一四条八号、水協法五〇条四号、公有水面埋立法四条三項・五条

共同漁業権は漁業協同組合等に帰属し、各組合員に総有的に帰属すると解することはできず、各組合員は、当該漁業協同組合の有する共同漁業権の範囲内で、協同組合の制定した漁業権行使規則に従って漁業権を行使する地位を有するにすぎない。

（総覧続巻五七五頁・自治一一三号八四頁）

二―三―一三　共同漁業権を準共有している漁業協同組合間で漁業権の行使に関する協定が締結されていないのに、一部の組合が独自に定めた漁業権行使規則を認可した県知事の認可処分が、無効とさ

れた事例

宮崎地裁民、平成元年(ワ)第一四四号　平成二年(ワ)第一一二号

平四・三・二五判決、一部認容

関係条文　漁業法八条・二二条・二三条、民法二四九条、二五二条

漁業権行使協定がないままに漁業権行使規則を認可したという瑕疵は、原告所属の組合員と被告ら所属の組合員との間で、実力による漁場の奪い合いが生ずる可能性が高いという意味においてその結果も重大であるので、県知事による取消又は行政処分の取消判決を待つまでもなく無効であるといわなければならない。

（総覧続巻七六頁・タイムズ七九四号二二〇頁）

二―三―一四　漁業権者である漁業協同組合が組合員の漁業を営む権利を組合員の個別の授権なくして処分できないとされた事例

大阪地裁民、昭和五三年(ワ)第三二七二号

昭五八・五・三〇判決、棄却（確定）

関係条文　漁業法八条・九条・一〇条・一四三条、民法七〇九条

組合員の漁業を営む権利は、組合という団体の構成員としての地位と不可分ないわゆる社員権的権利であるが、漁業権そのものではなく、基本権たる漁業権から派生している個別独立の権利であって、その侵害に対しても独立に損害賠償請求権を発生せしめることとなるというべく、したがって、漁業権の変更消滅時には以後これと運命をともにするとしても、独立に存在する

限りにおいては、権利の帰属者も異なるのであり、その処分就中その侵害に対する補償処理も漁業権におけるとは別個独立の法理に服することとなり、漁業権者である組合が組合員の個別の授権なくして当然に組合員の漁業を営む権利を処分できるものではない。

（総覧六四頁・時報一〇九七号八一頁）

二―三―一五　防波堤工事につき漁業協同組合が同意を決議し、これに基づき組合長理事から施行者に対し同意の通知がされた以上、漁業協同組合の義務は組合員に反映され、右工事の施行に抵触する限りにおいて組合員の権利の行使が制限を受けることもやむを得ないとされた事例

長崎地裁民、昭和五七年(ヨ)第一五三号

昭五八・三・三一判決、却下

関係条文　漁業法八条一項・二項、水協法四八条一項九号

防波堤工事につき漁業協同組合が同意の決議をし、これに基づき組合長理事から施行者に対し同意の通知がされた以上、漁業協同組合には右工事を容認する義務が生じているところ、漁業協同組合の組合員の漁業を営む権利は、漁業協同組合に帰属する漁業権を組合員として行使する権利であるから、漁業協同組合の義務は組合員に反映され、右工事の施行に抵触する限りにおいて組合員の権利の行使が制限を受けることもやむを得ない。

（総覧一一〇七頁・訟務二九巻九号一六八五頁）

二—三—一六　漁業協同組合に支払われた漁業権に関する補償金等は組合員の総有に属し、組合員はその持分の分割請求権を有する。

大阪地裁民、昭和四〇年(ワ)第一二九九号
昭五二・六・三判決、一部認容、一部棄却
関係条文　漁業法六条・八条一項・一四条八号、民法二五六条・二五八条・二六四条

一　相続人が死者（被相続人）を原告として表示して提起した訴えにつき、審理の途中で相続人を原告と訂正した場合、その訴えに共用物の分割請求が含まれていること等を勘案し、相続人を原告とする訴えとして、その訴えは適法である。

二　共同漁業権の喪失による損失を補償する目的で漁業協同組合に支払われた漁業補償金等が右組合の組合員全員の総有（広義の共有）に属し、右組合員は、その持分の分割請求権を有する。

三　右漁業補償金等につき、分割の協議が調わない場合に該当するので右組合員からの裁判上の分割請求を認められる。

（総覧一四三頁・下裁民集二八巻五—八号六五五頁）

二—三—一七　共同漁業権者である漁業協同組合が、漁区内で漁撈する権利を入札の方法で特定の組合員に行使させることの適否

岡山地裁民、昭和二八年(ワ)第五六五号

昭三五・三・三一判決、棄却

関係条文　漁業法八条（改正前）・二二条・二三条

共同漁業権者である漁業協同組合が、漁区内で漁撈する権利を入札の方法で特定の組合員に行使させることは違法ではない。

（総覧一五〇頁・下裁民集一一巻三号七〇二頁）

二―三―一八　漁業協同組合の共同漁業権に基づき組合員の有する漁業を営む権利が、同組合の理事から受けた承認の有効期間の経過により失効した事例

札幌高裁民、昭和四九年(ネ)第二六三号

昭五〇・七・三〇判決、棄却

一審　函館地裁

関係条文　漁業法六条五項・八条一項・一四条八号

漁業協同組合は、その所属組合員が当該漁業協同組合保有の共同漁業権の内容たる漁業を営むについて、右組合員各自が公平、円滑に右漁業を営むことができるよう調整、管理をなす役割と権能とを有するものであつて、右共同漁業権につき共同漁業権行使規則を制定して、これに一定の資格を定め、これをもつて、右漁業を営むことができる組合員の人数や範囲、これらの者が右漁業を営むことができる期間を制限する等の措置を講ずることができ、右組合員も右の制限等に従つてのみ右共同漁業権の内容たる漁業を営むことができるものと解される。

（総覧一六一頁・下裁民集二六巻七号六五五頁）

二─三─一九　県の宅地造成工事及び市の公園造成工事により湖が汚染され漁業権が侵害されたとして、右湖を漁場とする漁業協同組合の組合員から求めた、県及び市に対する損害賠償請求を認めた事例

熊本地裁民、昭和四二年(ワ)第二五三号

昭五二・二・二八判決、一部認容、一部棄却

関係条文　漁業法六条五号・八条一項・二三条・一四三条、水協法四五条・五〇条、民法五三条・七〇九条

本件各工事を施行するに際しては、その結果漁場環境及び水産動植物に悪影響を及ぼさないような措置を講じるか、あるいはそれが不可能な場合にはかかる工事を断念し、訴外組合の組合員が有する行使権乃至漁業上の利益に対する侵害を未然に防止すべき注意義務がある。（総覧一二五三頁・時報八七五号九〇頁）

二─三─二〇　水産業協同組合法第一八条第五項所定の准組合員は、補償金の分配にあずかれないこともありうる。

最高裁一小民、昭和四七年(オ)第一〇二四号

昭四八・一一・二二判決、棄却

関係条文　漁業法八条、水協法一八条五項、民法七〇九条・二五八条

水産業協同組合法第一八条第五項所定のいわゆる准組合員は、必ずしも漁業を営むものではないから、組合が漁業権をもつている場合に、そこの准組合員となつたからとて、右漁業権につき、必ずしも権利をもつことになるものでないことは明らかであろう。したがつて、漁業権につき補償金の交付があつたからとて、これらの者が補償金の分配にあずかれないことがありうることも明らかである。

（総覧一二九六頁・金融法務七一二号三三頁）

二―三―二一　漁業法第八条（組合員の漁業を営む権利）の法意

長崎地裁民、昭和二六年(ワ)第三七三号、第四〇七号、昭和二七年(ワ)第四六号

昭二八・四・一七判決・一部認容、一部棄却

関係条文　漁業法八条（改正前）、水協法三二条・四九条・五〇条・五二条五項

漁業法第八条（改正前）の法意は漁業協同組合の組合員であつて漁民であるものは、定款の定めるところにより始めて顕在的な操業上の権利を有するものである。

（総覧一一一一頁・下裁民集四巻四号五一八頁）

二―三―二二　水質汚濁による漁業被害を理由とする、し尿処理場建設禁止仮処分申請につき、被害は受忍限度内であるとして却下した事例

静岡地裁民、昭和五二年(ヨ)第一六九号
昭五三・八・三決定、却下
関係条文　漁業法八条、民訴法七五五条
本件処理場は、債務者が地方公共団体として行政上の責務としての地域住民のし尿の衛生的処理を目的とするものであって公共性を有するものであるから、債権者らが債務者の市民でないとしてもなお私人の事業に起因する公害についての受忍限度よりは高度の受忍義務を負担しているものというべく、したがって債権者らが前述のような被害を蒙むる蓋然性が高くても、その被害の種類、程度及び債務者の被害防止に対する姿勢等からそれが受忍限度内のものである場合には、本件処理場の建設差止めは認められないものと解するのが相当である。

（総覧一九三頁・時報八九七号一六頁）

二―三―二三　し尿処理施設からの放流水によって付近住民の漁業その他生活上の被害を生じる蓋然性が高いとして、し尿処理施設の建設禁止を命じた事例

熊本地裁民、昭和四六年(ヨ)第一七四号
昭五〇・二・二七判決、決定
関係条文　漁業法八条、民訴法七六〇条、憲法二五条
本件施設から出る放流水によって米淵湾及び同湾付近海域が汚染される結果、漁業その他生活上の被害を生じる蓋然性が高いと予測されるから、本件

し尿処理場の設置は永年漁場及び生活の場として米淵湾及びその付近海域とともに生きてきた申請人らをして、その居住地、住居を生活の場として利用することを困難とさせるに等しく、このような場合には、たとえ本件予定地に建設されるものが本件施設のように公共性の高いものであっても、その建設を許容すべき特別の事情がない限り、受忍限度を超える違法なものとして建設差止が認められるべきであると解するのが相当である。

（総覧一九六頁・タイムズ三一八号二〇〇頁）

第四節　漁業権に基づかない定置漁業等の禁止（九条）

二―四―一　漁場共同経営契約に基づく権利の相続性および漁業権と漁業経営権との関係

長崎地裁民、昭和三一年(ワ)第五〇三号、同三二年(ワ)第一九四号

昭三六・一一・二九判決

関係条文　漁業法九条・一〇条・二二条・二七条・二八条・三〇条

参加人がなんら漁業権を有せずして、原告らの定置漁業の共有権に基づかない別個独立のいわゆる漁業経営権を取得し、参加人のみが直接利益配分請求権を行使し得るような趣旨において共同経営契約が締結されたとしたならば、かかる共同経営の形態は漁業法の精神に相背馳することとなり、当事者の合理的な意思解決にも相反するものといわねばならない。なぜならば、定置漁業においては、漁業権の譲渡性は原則としてなく（漁業法第二七条）、

第九条　定置漁業及び区画漁業は、漁業権又は入漁権に基くのでなければ、営んではならない。

旧四条　漁具ヲ定置シ又ハ水面ヲ区画シテ漁業ヲ為スノ権利ヲ得ムトスル者ハ行政庁ノ免許ヲ受クヘシ其ノ免許スヘキ漁業ノ種類ハ主務大臣之ヲ指定ス

第百三十八条　次の各号の一に該当する者は、三年以下の懲役又は二百万円以下の罰金に処する。

漁業権の貸付は禁止され（同法第三〇条）、もとより漁業権に基づかない定置漁業を営むことは許されない（同法第九条）。そして漁業権の取得、変更には設権的行政処分たる行政官庁の免許を必要とし（第一〇条・第二二条）、免許がその効力発生要件であると解しなくてはならない。参加人自身が本件漁場に関する漁業権自体を有するものでないことは明らかである。しかるに、このように漁業権者でない参加人において、原告らの共有漁業権の基づかない漁場管理をなし、その収益を直接取得してこれを漁業権者たる原告らに配分するがごとき共同経営の形態は、さきに述べた通り、定置漁業権を原則として漁業権者固有のものとし、漁業権者に対しては自らの意思で経営することを期待し、かつての漁業を営む利益を保護する建前を採る漁業法の精神に違背するものと解しなくてはならない。

（総覧続巻一〇〇頁・タイムズ一二七号一一九頁）

二―四―二　漁業権は行政官庁の漁業免許の時をもって発生する。

大審院刑、大正一一年(れ)第五四〇号

大一一・六・一六判決、破棄自判

一審　沼津区裁　二審　静岡地裁

関係条文　旧漁業法四条（現九条）、五八条（現一三八条）

一　漁業権は行政官庁の漁業免許の時をもって発生する。

二　漁業権存続期間の満了前更新の申請をなしても行政官庁において免許をなさない限りは後の漁業権は発生することなく、初めの漁業権の存続期間

一　第九条の規定に違反した者

二　漁業権、第三十六条の規定による漁業の許可又は指定漁業の許可に付けた制限又は条件に違反して漁業を営んだ者

旧五十八条　左ノ各号ノ一ニ該当スル者ハ千円以下ノ罰金ニ処ス

一　免許ニ依ラス若ハ漁業ノ停止中第四条又ハ第六条ノ漁業ヲ為シタル者

二　免許漁業ノ制限又ハ免許ノ条件若ハ制限ニ違反シテ漁業ヲ為シタル者

満了後数十日を経て行政官庁が更新の申請に対する免許をなしたる場合には前の漁業権の消滅後その免許以前の時期において行政官庁の許可を受けないで漁業法第四条の漁業をなした行為は同法第五八条の罪を構成するものである。

（総覧二一一頁・刑集一巻六号三四七頁）

二―四―三　定置漁業は漁業の名称ごとに免許を受ける必要がある。

大審院刑、大正四年(れ)第二二三三号

大四・一〇・一九判決、棄却

一審　増毛区裁　　二審　札幌地裁

関係条文　旧漁業法四条（現六条・九条）

定置漁業については漁業の種類が同一である場合であっても漁業の名称ごとに出願免許を受けるべきである。

（総覧二一二頁・刑録二一輯二六巻一六三八頁）

二―四―四　定置漁業については、漁業の種類による各別の免許を必要とする。

大審院刑、大正三年(れ)第三九六号

大三・四・七判決、棄却

一審　根室区裁　　二審　根室地裁

関係条文　旧漁業法四条（現九条）、五八条一号（現一三八条一号）

漁業はその名称を異にするごとに各別の免許を受けることが必要である。したがって鰤建網の定置漁業につき免許を受けた事実があっても鮭建網の定置漁業につき免許を受けない以上は鰤建網を用い鮭を捕獲するときは漁業法第五八条にいう免許を受けないで第四条の漁業を行った者に該当するものである。

（総覧二一三頁・刑録三〇輯九巻四九四頁）

二―四―五　区画漁業の免許は、漁業種類ごとに行う必要がある。

行政裁、大正一四年第六七号

大一四・一二・二六判決

関係条文　旧漁業法四条（現六条・九条）、旧漁業法施行規則一三条・一五条

漁業法第四条にいわゆる漁業の種類は、同法施行規則第一三条の規定と同規則第一五条に基づく告示の名称とによりこれを定めたものと解するを相当とする。したがって、漁業法第四条に基づき区画漁業の免許を与える場合は前告示の名称に該当するものに限らなければならない。

（総覧二一五頁・行録三六輯一一六四頁）

二―四―六　免許を受けた漁場以外でする漁業は、免許によらない漁業である。

大審院刑、昭和八年(れ)第一六四七号

昭九・二・一〇判決、棄却
一審　稚内区裁　　二審　旭川地裁
関係条文　旧漁業法四条（現九条）・五八条一号（現一三八条一号）
免許漁業権者といえども免許を受けた漁業区域以外の場所において漁業法第四条所定の免許を受けないで漁業を行ったときは、同法第五八条第一項第一号にいわゆる免許によらずして漁業をなしたる者に該当するものである。

（総覧二一六頁・刑集一三巻七六頁）

二―四―七　定置漁業者が免許漁場の区域外にわたり漁具を敷設した場合は免許によらない漁業である。

大審院刑、昭和三年(れ)第三三二号
昭四・五・二判決、破棄自判
一審　富山地裁　　二審　名古屋控訴院
関係条文　旧漁業法四条（現六条・九条）・五八条（現一三八条）
定置漁業をなす者が免許漁場の区域外にわたり漁具を敷設して漁業をなしたるときは、漁業法第五八条第一項第一号にいわゆる免許によらずして漁業をなしたる者に該当する。

（総覧二一八頁・刑集八巻二〇二頁）

二―四―八　免許を受けた漁業時期以外の漁業は、免許によらない漁業である。

大審院刑、昭和七年(れ)第一六六二号
昭八・二・六判決、棄却
一審　山田区裁　　二審　安濃津地裁
関係条文　旧漁業法四条（現六条・九条）・五八条（現一三八条）
免許された漁業時期以外に行った漁業は、免許によらない漁業に該当する。
（総覧二一九頁・刑集一二巻上二五頁）

二—四—九　免許漁業の期間終了後に行つた漁業は、免許によらない漁業である。

大審院刑、明治四四年(れ)第二五九九号
明四五・一・二二判決、棄却
一審　函館地裁　　二審　函館控訴院
関係条文　旧漁業法四条（現九条）・五八条一号（現一三八条一号）
免許漁業の期間終了後、当該免許に係る魚類を漁獲した行為は、漁業法第五八条第一項第二号にいわゆる免許漁業の制限とあるのに該当するものではなく、同条第一号に免許によらず第四条の漁業をなしたる者とあるのに該当するものである。
（総覧二二一頁・刑録一八輯一巻二三頁）

第五節　漁業の免許（一〇条）

二―五―一　漁業権免許申請の拒否を求める訴の適否

金沢地裁民、昭和二六年(行)第八号

昭二六・一二・三判決、却下

関係条文　漁業法一〇条・一一条、水協法一三一条

漁業権免許申請に対しいまだ行政庁の許否の処分のない以前において、第三者から右申請を受理せず棄却すべきことを訴求することは許されない。

（総覧二二五頁・行政集二巻一二号二二二一頁）

二―五―二　競願者甲に対する漁業免許及び乙に対する漁業免許拒否の各処分取消判決の効力

鹿児島地裁民、昭和三〇年(行)第二号

昭三〇・五・三一判決、一部棄却、一部却下

関係条文　漁業法一〇条・一一条・改正前の二一条五項（現行二一条二項）

一　甲、乙両名から漁業免許申請の競願がなされたのに対し、県知事が甲に対して免許、乙に対して免許拒否の処分をしたが、その後確定判決により右各処分が取り消された場合には、取消の効果が遡及し、右各処分が初めからなされなかつたのと同様甲、乙両者競願の状態に復するものと解すべきである。

二　甲、乙両名から漁業免許申請の競願がなされたのに対し、県知事が甲に

第十条　漁業権の設定を受けようとする者は、都道府県知事に申請してその免許を受けなければならない。

旧四条　漁具ヲ定置シ又ハ水面ヲ区画シテ漁業ヲ為スノ権利ヲ得ムトスル者ハ行政官庁ノ免許ヲ受クヘシ其ノ免許スヘキ漁業ノ種類ハ主務大臣之ヲ指定ス

旧五条　①水面ヲ専用シテ漁業ヲ為スノ権利ヲ得ムトスル者ハ行政庁ノ免許ヲ受クヘシ

②　前項ノ免許ハ漁業会（特別漁業会ヲ除ク）カ其ノ地先水面ノ専用ヲ出願シタル場合ノ外之ヲ与ヘス

旧六条　前二条の外主務大臣ニ於テ免許ヲ受ケシムル必要アリト認ムル漁業ノ種類ハ命令ヲ以テ之ヲ定ム

対して免許、乙に対して免許拒否の処分をした場合における右各処分の取消判決は、単に右各処分の効力を否定し、これらを消滅させる効力を有するにとどまり、県知事が乙に対して免許しなければならないような拘束力をもつのではない。

三　県知事に対し、漁業の免許をすべきことの確認を求める訴は、実質においては裁判所において行政処分をすることを認めると同様な結果となるから、特別の規定がないかぎり、許されないものと解すべきである。

（総覧二二六頁・行政集六巻五号一二七八頁）

二―五―三　漁業権免許状には除外区域の記載がなくても、免許に至る諸事情から右除外区域が認められるとして、控訴を棄却した事例

福岡高裁民、昭和六三年(ネ)第二五号

平元・三・七判決、棄却

一審　那覇地裁

関係条文　漁業法八条一項・一〇条・一一条

控訴人らは、本件免許が、多数の漁業協同組合員らに、物権的効力を有する漁業行使権を付与する行為であるから、法的安定性の観点からも、本件免許状及び漁場図面以外の事情を斟酌して漁業権の存否・範囲を決定することは許されないと主張するけれども、右に認定したとおりの現行漁業法の漁場計画制度の特質・漁業権免許の手続き及び本件における具体的な免許手続き並びに訴外組合（その組合員である控訴人らを含めて）においても、右漁場

計画制度及び免許手続きの当然の結果として、本件免許の申請及び免許がなされた当時、本件免許により設定される漁業権の漁場区域から除外区域が除外されていることは、明白に了知し、これを前提として免許申請などの行動をとつていたことなどに照らし、漁業権免許状には除外区域の記載がなくても、右免許にいたる諸事情から右除外区域が認められ、控訴人らの右主張が理由のないことは明らかである。

（総覧続巻一〇八頁・自治四六号六六頁）

二—五—四　時期、名称を異にする漁業の同一漁場における併立免許は可能である。

行政裁、明治四一年第一〇九号
明四二・一〇・六判決
関係条文　旧漁業法改正前の三条（現行六条）

一　同一漁場においても時期を異にし、名称が同じでない漁業はこれを免許することを妨げない。

二　漁業の種類は免許状記載の名称によつてこれを決定すべきものとする。

（総覧二三一頁・行録二〇輯一二一二頁）

二—五—五　漁業権は行政官庁の免許によつて取得すべき一種の権利で、民法上の時効、先占によつて取得しえない。

大審院民、明治三五年(オ)第五一号

明三五・三・一七判決、棄却

一審　仙台地裁石巻支部　　二審　宮城控訴院

関係条文　旧漁業法四条（現六条・一〇条）

漁業権は行政官庁の免許によって取得することができる一種の権利であって民法上時効若しくは先占等によって取得すべきものではない。

（総覧二三三頁・民録八輯三巻四九頁）

第六節　免許内容等の事前決定（一一条、一一条の二）

二―六―一　知事が私益調整のためにのみ漁場を新設して、これについての免許処分をした場合に、農林大臣が漁業法の目的、理念に反するとして、これを取り消すことの適否

最高裁三小民、昭和三六年(オ)第一四一三号

昭三八・二・三判決、棄却

一審　東京地裁　　二審　東京高裁

関係条文　漁業法一条・一〇条・一一条・一四条・一五条・一六条

知事が私益調整のためにのみ漁場を新設して、これについての免許処分をした場合に、農林大臣が漁業法の目的、理念に反するとして、これを取り消すことができる。

（総覧二三七頁・裁判集民七〇号一頁）

第十一条　都道府県知事は、その管轄に属する水面につき、漁業上の総合利用を図り、漁業生産力を維持発展させるためには漁業権の内容たる漁業の免許をする必要があり、かつ、当該漁業の免許をしても漁業調整その他公益に支障を及ぼさないと認めるときは、当該漁業の免許について、海区漁業調整委員会の意見をきき、漁業種類、漁場の位置及び区域、漁業時期その他免許の内容たるべき事項、免許予定日、申請期間並びに定

二—六—二　共同漁業免許の切替手続に関し、知事が切替前の免許対象となっていた漁場の一部の区域について漁場計画の決定をしなかったことの違法を争う方法

長崎地裁民、昭和六二年(行ウ)第一号
昭六三・五・二七判決、却下（確定）
関係条文　漁業法八条一項・一〇条・一一条・一四条、行訴法三六条

共同漁業免許の切替手続に関し、知事が従前の免許対象となっていた漁場から一部の区域を除外した漁場計画を決定し、右除外区域について漁場計画の決定をしなかったときは、当該漁業権の帰属主体である漁業協同組合は、決定された漁場計画を超える右除外区域を含む範囲についての免許申請を行い、その拒否処分に対する取消しを求めることにより、その違法を争うことができる。

（総覧続巻一一四頁・訟務三五巻一号一二六頁）

二—六—三　共同漁業権の一部放棄を受けてされる変更免許に際し、漁場計画の樹立の必要はない。

仙台高裁民、昭和六一年(ネ)第五四四号
昭六三・三・二八判決、棄却（確定）
一審　青森地裁
関係条文　漁業法八条一項・一一条・二二条

漁業法第二二条、第一一条その他の規定に照らしてみても、共同漁業権の

置漁業及び区画漁業についてはその地元地区（自然的及び社会経済的条件により当該漁業の漁場が属すると認められる地区をいう。）、共同漁業についてはその関係地区を定めなければならない。

2　都道府県知事は、海区漁業調整委員会の意見をきいて、前項の規定により定めた免許の内容たるべき事項、免許予定日、申請期間又は地元地区若しくは関係地区を変更することができる。

3　海区漁業調整委員会は、都道府県知事に対し、第一項の規定により免許の内容たるべき事項、免許予定日、申請期間及び地元地区又は関係地区を定めるべき旨の意見を述べることができる。

4　海区漁業調整委員会は、前三項の意見を述べようとするときは、あらかじめ、期日及び場所を公示して公

一部放棄を受けてされる変更免許に際し、漁場計画の樹立が法律上要求されるものとは解されない。（総覧続巻一一三頁・訟務三四巻一〇号一九六五頁）

二―六―四　漁場計画不決定等不作為違法確認請求が棄却された事例

福岡高裁民、昭和六一年(行コ)第一六号

昭六二・一一・二八判決、棄却

一審　長崎地裁

関係条文　漁業法一一条、行訴法三条五項

共同漁業権免許の切替手続に関し、県知事が、上五島洋上石油備蓄基地計画部分につき、漁場計画の決定をしなかったこと及び漁業協同組合に免許をしなかったことの違法確認を求める訴えが、別途取消訴訟の可能性があったことを理由に、不適法であるとして棄却された。（総覧続巻一〇九頁・訟務三三巻五号一〇七三頁）

二―六―五　県知事が既存の共同漁業権の区域内における区画漁業権の漁場計画を樹立するに際し、異議がない旨の虚偽の組合総会議事録等を看過したことに注意義務違反はないとされた事例

広島地裁民、昭和五四(ワ)第七八六号

昭六一・六・二六判決、一部認容・一部棄却

関係条文　漁業法一〇条・一一条、国家賠償法一条

聴会を開き、利害関係人の意見をきかなければならない。

5　第一項又は第二項の規定により免許の内容たるべき事項、免許予定日、申請期間及び地元地区若しくは関係地区を定め、又はこれを変更したときは、都道府県知事は、これを公示しなければならない。

第十一条の二　都道府県知事は、現に漁業権の存する水面についての当該漁業権の存続期間の満了に伴う場合にあつては当該存続期間の満了日の三箇月前までに、その他の場合にあつては免許予定日の三箇月前までに、前条第一項の規定による定めをしなければならない。

一　共同漁業権の区域内に区画漁業権の設定を受けようとする者に共同漁業権者の同意を得させ、これを漁業計画の樹立ないし免許の許否の判断資料とすることは、県知事の裁量に属する相当な措置というべきであり、また、共同漁業権者が右の同意をするに当たつては、漁業協同組合の総会の決議を経るのが相当である。

二　県知事が既存の共同漁業権の区域内における区画漁業の免許を付与するに際し、共同漁業権者である漁業協同組合の組合長が作成した右区画漁業に異議がない旨の虚偽の組合総会議事録について特段瑕疵の存在を疑わせるような形式上の不備又は不自然な点は見受けられなかつたこと、区画漁業権を取得しようとする区域と共同漁業権の区域が重なり合う部分はわずかであったこと、海区漁業調整委員会が実施した公聴会においても反対意見は出ず、同委員会も異議がない旨の答申をしたこと等から、漁業調整その他公益上の支障はないものと判断して漁場計画を樹立し、区画漁業の免許を付与したものと認められ、知事が虚偽の右組合総会議事録等を看過したことに注意義務違反はない。

（総覧続巻一一四頁・自治三〇号八六頁）

二―六―六　漁業法第一一条第一項による漁場区域の決定は、自由裁量行為か。

盛岡地裁民、昭和二七年㈲第二九号
昭三六・四・一八判決、棄却

関係条文　漁業法一一条一項・一三条・一四条六項・一五条・二〇条

一　漁業法第一一条第一項により知事が漁場計画の樹立に当って行う漁場区域の決定は、既往における旧漁業権の有無・範囲及び沿岸地域の行政区画に拘束されることなく、当該海域の自然的・社会経済的諸条件を考慮しつつ、その自由な裁量によつて決すべき事項というべきである。

二　漁業法第一一条第一項により知事が共同漁業の漁場計画の樹立に当って行う関係地区の決定は、その自由裁量事項に属さず、また関係の漁業協同組合等の免許適格の有無に直接影響を及ぼすものであるから、知事が右関係地区の判定を誤ったときは、当該漁場計画は違法となるものと解すべきである。

三　漁業法第一一条第一項による共同漁業の漁場計画の樹立に当って知事が関係地区の判定を誤り、その結果本来免許適格者たるべき漁業協同組合等がその地位を害されたとしても、右漁場計画に基づいて第三者に共同漁業の免許が付与された後は、当該漁業協同組合等は、その免許が同法第一三条に違反し、または自己の有すべき優先順位を害する場合でない限り、右漁場計画またはこれに基づく免許の取消しを求める訴の利益を有しないものと解するのが相当である。（総覧二五一頁・行政集一二巻四号九一一頁）

二—六—七　漁業法第一一条第二項による免許申請期間の延長が許可される場合

鹿児島地裁民、昭和二七年㈳第八号
昭二九・七・六判決、認容
関係条文　漁業法一一条二項・一四条二項から四項、水協法一七条二項・五〇条四項

漁業法第一一条第二項の規定により都道府県知事が漁業の免許申請期間の延長をすることができるのは、当初に定めた期間が短かきに失するためこれを延長する必要がある場合、または、当初に定めた期間内に適式な申請がなされなかつた場合、その他期間変更を正当とする事由のある場合に限ると解すべきである。

（総覧二六〇頁・行政集五巻七号一七四四号）

二―六―八　公益（漁業調整）上支障があるため免許しないに該当する事例

行政裁、大正四年第七七号
大五・三・二二判決
関係条文　旧漁業法施行規則一七条（現改正前の漁業法一三条・現一一条）

地先水面専用漁業の漁場内に定置漁業の出願のあつた場合において、その定置漁業が専用漁業に対し妨害及び損害を与える程度が大であると認めるべきときは公益上必要ありと認め、定置漁業の免許を拒否すべきである。

（総覧二八〇頁・行録二七輯一八二頁）

二―六―九　公益事業の経営と両立しない区画漁業の免許の適否

行政裁、大正二年第二三八号

大四・五・二四判決

関係条文　旧漁業法施行規則一七条（現改正前の漁業法一三条・現一一条）

この事業は尼崎町及びその付近の海陸を完うして交通運輸の便を増進し、かつ沿岸航行の船舶をして風波の難を避けることを得せしめ公共の利益となるものであるので、このような事業のまさに経営せられようとする場合において、これと両立しない区画漁業の出願のあったときに、行政官庁が公益上の必要があると認め、当該漁業の出願を拒否したのは正当である。

（総覧二八一頁・新聞一〇三一号二九頁）

第七節　海区漁業調整委員会への諮問（一二条）

二―七―一　無効な海区漁業調整委員会の議決に基づく意見をきいて、そのままなされた漁業権免許処分の効力

鹿児島地裁民、昭和二七年(行)第一〇号

昭二九・七・六判決、認容

関係条文　漁業法一二条・一六条・一〇一条二項・一〇三条

漁業法第一二条の規定により都道府県知事が漁業の免許を決定するに当って徴すべき海区漁業調整委員会の意見は、同法第一〇三条の再議の規定に徴

第十二条　第十条の免許の申請があったときは、都道府県知事は、海区漁業調整委員会の意見をきかなければならない。

しても、免許の重要な前提手続をなすものと解されるから、同委員会の意見が無効の議決に基くものである場合には、当該意見をきいてそのままなされた漁業免許処分も違法として取消しを免れない。

（総覧七九二頁・行政集五巻七号一七五二頁）

二―七―二　海区漁業調整委員会の免許の適格性認定に関する形式上の瑕疵は、知事の免許処分を違法ならしめるか。

長崎地裁民、昭和二八年㈲第一号

昭和二九・八・六判決、一部棄却、一部却下

関係条文　漁業法一二条・一四条一項

海区漁業調整委員会は、知事の諮問機関として、漁業免許の当否につき意見を答申するにすぎず、独自の立場において免許するかどうかを決定するものであるから、同委員会の免許適格性認定に関する形式上の瑕疵により、知事の免許処分の違法をきたすことはない。

（総覧二九八頁・行政集五巻八号一九六二頁）

第八節　免許をしない場合（一三条）

二―八―一　海面及び海面下の土地の私人の所有権が、認められないとされた事例

大審院民、大正三年㈴第七四二号

第十三条　左の各号の一に該当する場合は、都道府県知事は、漁業の免許をしてはならない。

大四・一二・二八判決、棄却
一審　東京地裁　二審　東京控訴院
関係条文　旧漁業法施行規則㈠七条（現改正前の漁業法一三条一項四号）

海面は行政上の処分をもつて一定の区域を限り私人にその使用又は埋立、開墾等の権利を取得させることはあるが、海面のままこれを私人の所有とはなし得ないものである。（総覧二六七頁・民録二二輯二二七四頁）

二―八―二　海は、そのままの状態においては、所有権の客体たる土地には当たらない。

最高裁三小民、昭和五五年㈾ツ第一四七号
昭六一・一二・一六判決、破棄自判
一審　名古屋地裁　二審　名古屋高裁
関係条文　漁業法一三条一項四号、民法八五条・八六条一項

海は、社会通念上、海水の表面が最高高潮面に達した時の水際線をもつて陸地から区別されている。そして、海は、古来より自然の状態のままで一般公衆の共同使用に供されてきたところのいわゆる公共用物であつて、国の直接の公法的支配管理に服し、特定人による排他的支配の許されないものであるから、そのままの状態においては、所有権の客体たる土地に当たらないというべきである。

一　申請者が第十四条に規定する適格性を有する者でない場合
二　第十一条第五項の規定により公示した漁業の免許の内容と異なる申請があつた場合
三　その申請に係る漁業と同種の漁業を内容とする漁業権の不当な集中に至る虞がある場合
四　免許を受けようとする漁場の敷地が他人の所有に属する場合又は水面が他人の占有に係る場合において、その所有者又は占有者の同意がないとき
2　前項第四号の場合においてその者の住所又は居所が明らかでないため同意が得られないときは、最高裁判所の定める手続により、裁判所の許可をもつてその者の同意に代えることができる。
3　前項の許可に対する裁判に関しては、最高裁判所の定める手続により、

（総覧続巻八二頁・最高裁民集四〇巻七号一二三六頁）

二―八―三　満潮時海面下に没する干潟に対する私人の所有権が認められた事例

名古屋地裁民、昭和四六年(行ウ)第一〇号・一一号・四〇号・四一号

昭五一・四・二八判決、認容（控訴）

関係条文　漁業法一三条一項四号、民法八五条

海面下の土地も私所有権の対象となりうるものであり、それが海没により法律上滅失したものとみるべきか否かは、単に春分秋分の日の満潮時に海面下の土地となるか否かによつて決すべきではなく、当該土地が海面下となつた経緯、現状、所有者等の意図、科学的技術水準などを総合考慮して、その支配可能性、財産的価値の有無を判断したうえで「滅失」と評価できるか否かによつて決定しなければならないと解すべきである。

（総覧二七〇頁・時報八一六号三頁）

（備考）　前掲（二―八―二）の昭六一・一二・一六最高裁判決で否定している。

二―八―四　自然現象により私人の所有する土地が海没した場合に、所有権が消滅しないとされた事例

鹿児島地裁民、昭和四六年(ワ)第三七三号

昭五一・三・三一判決、一部認容、一部棄却（控訴）

上訴することができる。

4　第一項第四号の所有者又は占有者は、正当な事由がなければ、同意を拒むことができない。

5　海区漁業調整委員会は、都道府県知事に対し、第一項の規定により漁業の免許をすべきでない旨の意見を述べようとするときは、あらかじめ、当該申請者に同項各号の一に該当する理由を文書をもつて通知し、当該申請者又はその代理人が公開の聴聞において弁明し、且つ、有利な証拠を提出する機会を与えなければならない。

〈昭和三七年法律一五六号による改正前の第十三条第一項第四号〉

四　漁業調整その他公益上必要があると認める場合

旧施行規則十七条　水産動植物ノ蕃殖保護其ノ他公益上必要アリト認ムルトキ亦ハ漁業ノ価値ナシト認ムルト

関係条文　漁業法一三条一項四号、民法八五条、公有水面埋立法一条

自然現象により私人の所有する土地が海没した場合であっても、所有者が当該土地に対して社会通念上自然な状態で支配可能性を有しかつ財産的価値があると認められるような場合には、当該土地に対する私人の所有権はなお失われないものと解するのが相当である。

（総覧二七七頁・時報八一六号一二頁）

二―八―五　定置漁業権の不免許処分を受けた漁業者からの競争出願者に対する免許処分の違法を理由とする国家賠償法に基づく損害賠償請求が棄却された事例

札幌地裁民、昭和五七年(ワ)第二一三三号

昭六二・三・二五判決、棄却（確定）

関係条文　漁業法一三条・一六条、国家賠償法一条・三条

原告の漁業法第一三条第一項第一号（適格性を有する者でない場合）及び同条同項第三号（同類の漁業を内容とする漁業権の不当な集中に至る虞がある場合）所定の不免許事由の存在を理由とする本件免許処分の違法性の主張は失当であり、その余の点を判断するまでもなく、原告の本件国家賠償請求は理由がない。

（総覧続巻一三三頁・訟務三三巻一二号三〇一一頁）

二―八―六　公益（漁業調査）上免許しないに該当する事例

キハ漁業ノ免許ヲ与ヘス

漁業権者及登録シタル権利者ノ同意アル場合ヲ除クノ外既ニ免許ヲ与ヘタル漁業ト相容レスト認ムルトキ又前項ニ同シ

前項ノ規定ハ漁業権ノ存続期間ヲ更新スル場合ニ之ヲ適用セス

第二十四条　免許ヲ受ケムトスル漁場ノ敷地カ他人ノ所有ニ属スルトキ又ハ水面カ他人ノ占有ニ係ルトキハ其ノ所有者又ハ占有者ノ同意ヲ証スル書面ヲ漁業ノ免許ノ願書ニ添附スヘシ

〈改正前の旧漁業法施行規則〉（明治三五年農商務省令七号）

旧施行規則八条　前条ノ外水産動植物ノ蕃殖保護其ノ他公益ニ害アリト認ムル漁業又ハ免許ヲ受ケタル漁業ト相容レスト認ムル漁業ハ之ヲ免許セス

行政裁、大正四年第七七号
大五・三・二二判決
関係条文　旧漁業法施行規則一七条（現改正前の漁業法一三条・現一一条）、旧漁業法二四条（現三九条）

一　地先水面専用漁業の漁場の内外に渉り漁場を定める定置漁業の出願があった場合において、その専用漁業が当分発達を見るべき実状にはなく、現在の状態においては損害を受ける程度が僅少であると認めるときは、その定置漁業の免許を拒否することをもって公益上必要ありと認むべきものではない。

二　地先水面専用漁業の漁場内に定置漁業の出願のあった場合において、その定置漁業が専用漁業に対し妨害及び損害を与う程度が大なりと認めるべきときは公益上必要ありと認め、定置漁業の免許を拒否すべきである。

三　漁業法第二四条第一項により免許したる漁業を制限し、停止し又は免許を取り消し得べき場合と、同法施行規則第一七条第一項により公益上必要ありと認め漁業の免許を与えるべきでない場合とは同じ範囲のものではない。

（総覧二八〇頁・行録二七輯一八二頁）

二―八―七　公益事業の経営と両立しない区画漁業の免許の適否

行政裁、大正二年第二三八号
大四・五・二四判決

関係条文　旧漁業法施行規則一七条（現改正前の漁業法一三条・現一一条）

「この事業は尼崎町及びその付近の海陸の連絡を完うして交通運輸の便を増進し、かつ沿岸航行の船舶をして風波の難を避けることを得さしめ公共の利益となるものであるので、このような事業の将に経営せられんとする場合において、これと両立しない区画漁業の出願あつたときに、行政官庁が公益上の必要があると認め当該漁業の出願を拒否したのは正当である。

（総覧二八一頁・新聞一〇三一号二九頁）

二―八―八　専用漁業権は、水面を占有する権利ではない。

大審院民、昭和八年(オ)第二六四四号

昭九・四・七判決、棄却

原審　長崎控訴院

関係条文　旧漁業法施行規則一七条二項（現漁業法一三条一項四号）

専用漁業権は、免許された一定の水面を専用して一定の水産動植物を採取捕獲することをもつてその内容とするものであつて、所有権のように当該区域の全水面を排他的に占有する権利ではないので、同漁業権の実施に妨げのない限り何人といえども当該水面の使用はこれをなし得るものと解せざるをえない。

（総覧三九頁・新聞三六八六号一七頁）

二―八―九　専用漁業権の区域内に定置漁業権を免許する際に同意を必要とするか。

行政裁、明治四〇年第三三号

明四一・一一・一九判決

関係条文　旧漁業法施行規則一七条二項・二四条（現漁業法一三条一項四号・一一条一項）

専用漁業権とは、一定の水面を専用し限定せられた種類の漁業を行うものであるので、その区域内において他人に定置漁業を免許するには、当該漁業者の承諾を必要とするものではない。

（総覧　四三頁・行録一九輯一二九八頁）

二―八―一〇　専用漁業権は水面の占有権ではないので、定置漁業権の免許にあたつて漁業法施行規則第一七条第二項並びに第二四条（現漁業法第一三条第一項第四号）による同意の必要はない。

行政裁、大正一二年第三六号

昭二・一一・八判決

関係条文　旧漁業法施行規則一七条二項・二四条（現漁業法一三条一項四号・一一条一項）

原告の専用漁業と参加人の定置漁業とは互いに相容れるのみならず、専用漁業は一定の水面において特定の漁業をなすことを得るに止まり、水面を占有するものではないので参加人の本件定置漁業の出願に原告の同意書を添付する必要のないことは勿論である。したがって、被告が原告の同意のない参加人の出願に対し与えた本件免許は、漁業法施行規則第一七条第二項並びに第二四条に違背するものではない。

（総覧二八三頁・行録三八輯一一六二頁）

二―八―一一　鰤飼付漁業免許取消請求事件

行政裁、明治四〇年第八〇、八一号

明四〇・一一・八判決、取消

関係条文　旧漁業法施行規則一七条二項・二四条（現漁業法一三条一項四号・一一条一項）

漁業保護区域の遠近は海面の形勢、潮流の模様及び魚道いかんにより決すべき事実問題であるので、他県における実例をもって直ちに断定の資料となすことはできない。

（総覧二八六頁・行録一八輯九一二頁）

第九節　免許についての適格性（一四条）

二―九―一　漁業免許当時設立されていなかった漁業協同組合の漁業法第一四条第四項、第七項による漁業権共有請求権の有無

最高裁一小民、昭和三五年(オ)第三六六号

昭三六・六・八判決、棄却

第十四条　定置漁業又は区画漁業の免許について適格性を有する者は、左の各号のいずれにも該当しない者とする。

できる。

一審　千葉地裁　　二審　東京高裁

関係条文　漁業法一四条四項・七項・水協法二五条

漁業免許当時地元地区内に住所を有し当該漁業を営んでいた者を組合員とする漁業協同組合は、右漁業免許当時いまだ設立されていなくても漁業法第一四条第四項、第七項によって、免許された漁業権の共有を請求することができる。

（総覧二九〇頁・最高裁民集一五巻六号一五三三頁）

二—九—二　他社から豊富な経験、技術、資材及び資金の提供・援助を受けてする漁業協同組合の漁業経営が、漁業法第一四条第一項第二号に該当しないとされた事例

長崎地裁民、昭和二八年(行)第一号

昭二九・八・六判決、一部棄却、一部却下

関係条文　漁業法一四条一項・一二条

一　他社から豊富な経験、技術、資材及び資金の提供、援助を受けてする漁業協同組合の漁業経営が、漁業法第一四条第一項第二号にいわゆる免許を受ける適格を有しない者によって「実質上その申請に係る漁業の経営が支配されるおそれがある」ものと認められない。

二　海区漁業調整委員会は、知事の諮問機関として、漁業免許の当否につき意見を答申するにすぎず、知事は、独自の立場において免許するかどうかを決定するものであるから、同委員会の免許適格性認定に関する手続上の

一　海区漁業調整委員会における投票の結果、総委員の三分の二以上によって漁業若しくは労働に関する法令を遵守する精神を著しく欠き、又は漁村の民主化を阻害すると認められた者であること。

二　海区漁業調整委員会における投票の結果、総委員の三分の二以上によって、どんな名目によるのであっても、前号の規定により適格性を有しない者によって、実質上その申請に係わる漁業の経営が支配される虞があると認められた者であること。

2　特定区画漁業権の内容たる区画漁業の免許については、第十一条に規定する地元地区（以下単に「地元地区」という。）の全部又は一部をその地区内に含む漁業協同組合又はその漁業協同組合を会員とする漁業協同組合連合会であって当該特定区画漁

瑕疵により、知事の免許処分の違法をきたすことはない。

三　県知事に対して漁業の免許をすべき旨を判決で命ずることは、三権分立の建前上許されないから、かかる判決を求める訴は不適法である。

（総覧二九八頁・行政集五巻八号一九六二頁）

二―九―三　漁業法第一四条第一項第二号の規定は、申請人が不適格でないことにつき海区漁業調整委員会の間に異論のない場合には、特にこの点について投票を行う必要はない。

長崎地裁民、昭和二八年(行)第一号

昭二九・八・六判決、一部棄却、一部却下

関係条文　漁業法一四条一項・一二条

漁業免許適格性の認定に関する法第一四条第一項第二号の規定は、不適格の認定が申請人に重大な影響を与えることを考慮して、慎重を期するため特別決議（総委員の三分の二以上）によらしめることとしたのであるから、申請人が不適格でないことにつき委員の間に異論のない場合には、特にこの点について投票を行う必要はないものと解すべきである。

（総覧二九八頁・行政集五巻八号一九六二頁）

業権の内容たる漁業を営まないものは、前項の規定にかかわらず、左に掲げるものに限り、適格性を有する。

但し、水産業協同組合法第十八条第四項の規定により組合員たる資格を有する者を特定の種類の漁業を営む者に限る漁業協同組合及びその漁業協同組合を会員とする漁業協同組合連合会は、適格性を有しない。

一　その組合員のうち地元地区内に住所を有し当該漁業を営む者の属する世帯の数が、地元地区内に住所を有し当該漁業を営む者の属する世帯の数の三分の二以上であるもの

二　二以上共同して申請した場合において、これらの組合員のうち地元地区内に住所を有し当該漁業を営む者の属する世帯の総数が、地元地区内に住所を有し当該漁業を営む者の属する世帯の数の三分の

二　以上であるもの

4　第二項の規定により適格性を有する漁業協同組合又は漁業協同組合連合会が同項に規定する漁業の免許を受けた場合には、その免許の際に同項の地元地区内に住所を有し当該漁業を営む者であった者を組合員とする漁業協同組合又は漁業協同組合連合会は、都道府県知事の認可を受けて、その漁業協同組合又は漁業協同組合連合会に対し当該漁業権を共有すべきことを請求することができる。この場合には、第二十六条第一項の規定は、適用しない。

7　第二項ただし書及び第三項から第五項までの規定は、前項の区画漁業の免許について準用する。この場合において、第三項及び第四項中「当該漁業を営む者」とあるのは、「一年に九十日以上沿岸漁業を営む者」と読み替えるものとする。

第一〇節　優先順位（一五条、一六条）

二一〇―一　優先順位について、その判断を誤ってなした免許は無効である。

鹿児島地裁民、昭和二七年(行)第一〇号

昭二九・七・六判決、認容

関係条文　漁業法一二条・一六条・一〇一条二項・一〇三条

漁業法第一六条第二項、第四項、第五項第一号、第四号、第五号の各号について原告が訴外人に優先し、他の勘案事項については、いずれも相等しい程度であり、原告が優先されるべきである。しかるに委員会は、これが判断を誤り、訴外人に優先順位がある旨議決して被告に答申し、被告もまた右意見を受容して行つた処分は、明らかに漁業法所定の優先順位の判定を誤つたものであるからこれが取消しを免れない。

（総覧七九二頁・行政集五巻七号一七五二頁）

二一〇―二　知事が定置漁業権の優先順位を誤って行った不免許処分が違法とされ、慰謝料請求が認容された事例

札幌地裁民、昭和六二年行(ウ)第一一号

平六・八・二九判決、一部認容・確定

（以下略）

第十五条　漁業の免許は、優先順位によつてする。

第十六条　定置漁業の免許の優先順位は、左の順序による。

一　漁業者又は漁業従事者

二　前号に掲げる者以外の者

2　前項の規定により同順位である者相互間の優先順位は、左の順序による。

一　その申請に係る漁業と同種の漁業に経験がある者

二　沿岸漁業であつて前号に掲げる漁業以外のものに経験がある者

三　前二号に掲げる者以外の者

3　前項の規定において「経験」とは、その申請の日以前十箇年（この法律施行後主務大臣が指定する期日まで

関係条文　国家賠償法一条一項・三条一項、民法七一〇条、漁業法一〇条・一六条

Xは、その目的は漁業を営むことを主たる目的とする法人であると認められるから、原告らと同様、漁業者として漁民に該当するというべきであるが、本件漁業権の免許申請をした昭和五九年二月一〇日よりわずか数日を先立つ同年二月六日に設立された有限会社であり、それ自体は、同種の漁業に経験がある者とは到底いえないから、原告Yが漁業法第一六条第二項に基づいてXに優先するというべきであり、結局、本件漁業権について、漁業法第一六条第一一項に基づき、原告らがXらに優先することになる。

このように、本件申請において原告らがXらに優先すべきであったところ、知事及び海区漁業調整委員会に対し本件各処分前の段階で原告Yからの指摘があったことをも考慮すると、知事及び右委員会は、原告ら外一名とXらとの優先順位についてより慎重に検討すべきであるにかかわらずこれを怠り、誤った判断のもとで本件各処分をするにつき過失があったというべきである。したがって、被告は、国家賠償法第一条第一項、第三項第一項に基づき、原告らが本件不免許処分によって被った損害を賠償すべき責任がある。

（総覧続巻一五〇頁・タイムズ八八〇号一七二頁）

の間は、昭和二十三年九月一日以前十箇年）の間において、漁業を営み又はこれに従事したことをいう。以下第十九条までにおいて同じである。

4　前三項の規定により同順位である者相互間の優先順位は、左の順序による。

一　その申請に係る漁業の漁場の存する第八十四条第一項の海区（以下「当該海区」という。）において経験がある者

二　前号に掲げる者以外の者

5　前四項の規定により同順位の者がある場合においては、都道府県知事は、免許をするには、その申請に係る漁業について左に掲げる事項を勘案しなければならない。

一　労働条件

二　地元地区内に住所を有する漁民（以下「地元漁民」という。）特に

第一一節　漁業権の存続期間（二一条）

二一—一　免許存続期間の満了後における取消訴訟の利益の有無

長崎地裁民
昭三三・二・一七判決、棄却
関係条文　漁業法一三条・二一条・二二条・三三条

漁業権の免許処分の取消しを求める訴訟の係属中、免許存続期間の満了により当該漁業権が消滅した場合には、右免許処分の取消しを求める法律上の

当該漁業の操業により従前の生業を奪われる漁民を使用する程度
三　地元漁民が当該漁業の経営に参加する程度
四　当該漁業についての経験の程度、資本その他の経営能力
五　当該漁業にその者の経済が依存する程度
六　当該漁業の漁場の属する水面において操業する他の漁業との協調その他当該水面の総合的利用に関する配慮の程度
（以下略）

第二十一条　漁業権の存続期間は、免許の日から起算して、真珠養殖業を内容とする区画漁業権、第六条第五項第五号に規定する内水面以外の水面における水産動物の養殖業を内容とする区画漁業権（特定区画漁業権

利益は存しない。

（総覧三三三頁）

二―一―二　定置漁業権の不免許処分の取消しの訴えが、存続期間がすでに徒過していることを理由に却下された事例

札幌地裁民、昭和六二年(行ウ)第一〇号

平元・五・一九判決、却下

関係条文　漁業法二一条、行訴法七条・九条、民訴法八九条

鮭定置網漁業を営む者に対して知事がした漁業権を免許しない旨の処分の取消しを求める訴えが、右免許申請に係る漁業権の存続期間は最終口頭弁論期日においてすでに徒過しており、その取消しを求める訴えの利益がない。

（総覧続巻一五九頁・自治七九号一八六頁）

二―一―三　漁業権の存続期間の変更を求める訴の適否

最高裁三小民、昭和三一年(オ)第四二一号

昭三三・二・二五判決、棄却

一審　鹿児島地裁　　二審　福岡高裁

関係条文　漁業法一一条・二一条

漁業権の存続期間の変更を求める訴は、裁判所に行政庁に委された裁量権の範囲に立ち入ることを求めるものであるから、不適法である。

（総覧三三七頁・最高裁民集一二巻二号二四八頁）

及び真珠養殖業を内容とする区画漁業権を除く。）又は共同漁業権にあつては十年、その他の漁業権にあつては五年とする。

2　都道府県知事は、漁業調整のため必要な限度において前項の期間より短い期間を定めることができる。

旧十六条①　漁業権ノ存続期間ハ二十年以内ニ於テ行政庁ノ定ムル所ニ依ル但シ第二十四条第一項ノ規定ニ依リ又ハ第三十四条ノ規定ニ基ク命ニ依リ漁業ヲ停止セラレタル期間ハ之ヲ算入セス

②　前項ノ期間ハ漁業権者ノ申請ニ依リ之ヲ更新スルコトヲ得

二一一四　漁業権の存続期間の短縮は、都道府県知事が特に海区漁業調整委員会の意見をきく必要はない。

鹿児島地裁民、昭和三〇年(行)第二号

昭三〇・五・三一判決、一部棄却、一部却下

関係条文　漁業法一〇条・一一条・改正前の二一条五項（現同条二項）

漁業法第二一条第三項の漁業権の存続期間の短縮は、都道府県知事がその裁量権に基づき単独でこれをなしうるものであり、海区漁業調整委員会の意見をきく必要はないものと解すべきである。（総覧二二六頁・行政集六巻五号一二七八頁）

二一一五　漁業権存続期間の更新は、更新前の漁業権を存続せしめるものではない。

大審院民、大正一〇年(オ)第七〇三号

大一〇・一二・二七判決、棄却

一審　長崎地裁　二審　長崎控訴院

関係条文　旧漁業法一六条（現二一条）

漁業権存続期間の更新は、更新前の漁業権を存続せしめて単にその存続期間のみを延長するものではなくて、更に新たなる免許をもって別箇の漁業権を発生せしめるものと解すべきであり、更新前の漁業権は更新により存続することなくその最初に定められた存続期間の満了によって当然消滅するものと解するのを相当とする。

（総覧三四七頁・民録二七輯三〇巻二二〇七頁）

二一―一一―六　漁業権存続期間の更新の意義

大審院民、昭和七年(オ)第三〇七四号

昭八・五・二四判決、棄却

一審　長崎区裁　　二審　長崎地裁

関係条文　旧漁業法一六条（現二一条）

漁業権存続期間の更新は単にその存続期間のみを延長するものではなく、新たに別箇の漁業権を発生せしむるものと解する。

（総覧三五二頁・民集一二巻一三二三頁）

第一二節　漁業権の分割又は変更（二二条）

二二―一二―一　公有水面の埋立免許に関する同意と漁業権の消滅との関係

福岡高裁民、昭和六二年(行コ)第三号

昭六二・六・一二判決、棄却

一審　鹿児島地裁

関係条文　公有水面埋立法二条・四条・五条・六条・七条、漁業法八条一項・一四条八号・二二条、水協法四八条・五〇条

漁業協同組合は、公有水面埋立完成による漁業権の事実上の消滅に同意したに過ぎず埋立完成までは漁業権は消滅しないのであるから、それ以前の段

第二十二条　漁業権を分割し、又は変更しようとするときは、都道府県知事に申請してその免許を受けなければならない。

2　都道府県知事は、漁業調整その他公益に支障を及ぼすと認める場合は、前項の免許をしてはならない。

3　第一項の場合においては、第十二

階で漁業権変更につき都道府県知事の免許を受くべき必要性を見出だすことはできず、したがって控訴人らは、変更免許の有無にかかわらず、本件埋立免許処分の取消を求めるにつき法律上の利益がない。

（総覧続巻三七頁・時報一二四九号四六頁）

二—一一二　漁業権の一部を放棄することは、新たな権利の設定を受けるわけではないから、漁業法第二二条第一項の変更免許の必要はない。

仙台高裁民、昭和六一年(ネ)第五四四号

昭六三・三・二八判決、棄却（確定）

一審　青森地裁

関係条文　公有水面埋立法二条・四条・五条・六条・七条、漁業法八条一項・一四条八号・二二条、水協法四八条・五〇条

一　共同漁業権の免許を受けている者が従前の漁場区域を一部除外し、漁業権の一部を放棄することは、新たな権利の設定を受けるわけではないから、漁業法第二二条第一項の変更免許を受けなければ法的な効果を生じないものとは解されない。

二　同法第二二条、第一一条その他の規定に照らしてみても、共同漁業権の一部放棄を受けてされる変更免許に際し、漁場計画の樹立が法律上要求されるものとは解されない。

（総覧続巻一六二頁・訟務三四巻一〇号一九六五頁）

条（海区漁業調整委員会への諮問）及び第十三条（免許をしない場合）の規定を準用する。

二―一二―三　埋立工事について漁業権に基づく物上請求権の放棄を約したときには、右権利行使の禁止の効果は、漁業権の変更の有無とは関係なく発生する。

福岡高裁民、昭和六二年(行ワ)第四号
平元・五・一五判決、棄却
一審　鹿児島地裁
関係条文　公有水面埋立法六条・七条・八条、漁業法六条・七条・八条一項・一四条八号・二二条、水協法四八条・五〇条

漁業権者が埋立権者に対し埋立工事につき漁業権に基づく物上請求権の放棄を約したときには、漁業権者及び漁業を営む権利を有する者は、漁業権の消滅の効果ではなく右合意の効果として、埋立権利者との関係で埋立工事につきこれらの権利に基づく物上請求権を行使できなくなるのであるから、右権利行使の禁止の効果は漁業権の変更の有無とは関係なく発生するものである。したがつて、前示の事実関係のもとでは、変更免許の有無にかかわらず控訴人らの本件被保全権利は存在しないものといわなければならない。
（総覧続巻一六三頁）

第一三節　漁業権の性質（二三条）

二―一三―一　漁業権者は免許の対象になつた特定の漁業を営むために必要な範囲及び様態においてのみ水面を使用する権利を有する

第二十三条　漁業権は、物権とみなし、土地に関する規定を準用する。

東京高裁民、平成七年(ネ)第四三四一号

平八・一〇・二八判決、控訴棄却

一審　静岡地裁沼津支部

関係条文　漁業法六条・二三条

一　海が公共用水面である上、特定の水面に漁業権が重複して免許されることがあることからすると、漁業権を有する者は、免許の対象となつた特定の種類の漁業、すなわち、水産動植物の採捕又は養殖の事業を営むために必要な範囲及び様態においてのみ海水面を使用することができるに過ぎず、右の範囲及び様態を超えて無限定に海水面を支配あるいは利用する権利を有するものではない。

二　共同漁業権を有しているからといつて、本件海域においてダイビングをしようとする者に対し、その同意がないにもかかわらず、一方的に潜水料を支払うことを要求し、その支払いがない場合にダイビングを禁止することはできない。

（総覧続巻一三頁・タイムズ九二五号二六八号）

二一一三一二　海は、そのままの状態においては、所有権の客体たる土地には当たらない。

最高裁小民、昭和五五年(行ツ)第一四七号

昭六一・一二・一六判決、破棄自判

一審　名古屋地裁　二審　名古屋高裁

2　民法（明治二十九年法律第八十九号）第二編第九章（質権）の規定は定置漁業権及び区画漁業権（特定区画漁業権であつて漁業協同組合又は漁業協同組合連合会の有するものを除く。次条、第二十六条及び第二十八条において同じ。）に、第八章から第十章まで（先取特権、質権及び抵当権）の規定は特定区画漁業権であつて漁業協同組合又は漁業協同組合連合会の有するもの及び共同漁業権に、いずれも適用しない。

旧七条　①漁業権ハ物権ト看做シ土地ニ関スル規定ヲ準用ス

②　民法第二編第九章ノ規定ハ漁業権ニ之ヲ適用セス

関係条文　漁業法一三条一項四号・二三条、民法八五条・八六条一項

海は、社会通念上、海水の表面が最高高潮面に達した時の水際線をもつて陸地から区別されている。そして、海は、古来より自然の状態のままで一般公衆の共同使用に供されてきたところのいわゆる公共用物であつて、国の直接の公法的支配管理に服し、特定人による排他的支配の許されないものであるから、そのままの状態においては、所有権の客体たる土地に当たらないというべきである。

（総覧続巻一七〇頁・最高裁民集四〇巻七号一二三六頁）

二―一三―三　漁業協同組合及び漁民らの電力会社に対する原子力発電所の立地環境影響調査禁止の仮処分申立てが却下された事例

山口地裁岩国支部民、平成七年(ヨ)第三号

平七・一〇・一一決定、却下

関係条文　漁業法二三条、民法七〇九条、民事保全法二三条二項

債権者らが本件立地調査により蒙る損害が前記で認定した限度にとどまつていること、右立地調査において債権者らの漁業操業に最も重大な影響を及ぼす機器を固定して行う流況調査については、漁業権と同様物権とみなされるものではないにしろ、同一の法的性質を有するいわゆる公共用物に対する特許使用権を生じさせる本件占有許可を得たうえで、右権利に基づき行われていること、本件立地調査の実施は一時的なものであり恒常的なものではないこと等を併せ考えると、本件立地調査により債権者らの漁業操業に支障を

来し損害が発生していることは認められるにしろ、本件立地調査の実施により蒙る債権者らの被害の程度が同人らが有する共同漁業権等に基づく差止め請求を是認するまでに至っていると認めるのは困難である。

（総覧続巻一七二頁・タイムズ九二六号二三七頁）

二―一三―四　漁業権の登録名義変更請求を本案訴訟とする仮処分の失当なる事例

大審院民、大正元年(オ)第一三四号

大二・三・一四判決、一部を除き破棄自判

一審　函館地裁　二審　函館控訴院

関係条文　旧漁業法七条（現二三条）・二六条（現五〇条）

免許漁業権登録書換の請求は意思の陳述を求めるものであるので、その判決の確定前において判決確定と同一の効果を有する仮処分命令を発し請求権をもつて漁業権者となすことはできない。

（総覧三六一頁・民録一九輯六巻一二八頁）

二―一三―五　漁業権者に非ざる者が保護区域内において魚類を採捕したときは、不法行為の責任を負う。

大審院民、大正四年(オ)第一四四号

大五・三・七判決、棄却

一審　長崎地裁　二審　長崎控訴院

関係条文　旧漁業法四条（現六条）・七条（現二三条）

漁場に漁具を定置する漁業は、漁場外より漁具に入る魚類を採捕することを目的とするものであるので、未だ漁具に入らないものといえども、必然これに入り漁業権者が採捕し得べき自然の状態にある魚類を保護区域内においてみだりに採捕せられたときは、漁業権者は不法行為を原因として、これに対し損害賠償を請求する権利があるものと解する。

（総覧三六四頁・民録二二輯九号三五〇頁）

二―一三―六　漁場の占有のみを許す仮処分は許されない。

函館控民、大正元年(ノ)第六号

大・元・一一・二八判決

関係条文　旧漁業法七条（現二三条）

漁業権者が、その有する漁業権を債権者に移転する意思なく、単に債権の担保と為す目的を以てその漁業権を債権者の名義に書換えたるときは、そのいわゆる担保なるものは、物権的効力を生ずるものに非ずして債権者のために一種の抗弁権即ち債権的関係を生ずるに過ぎない。

免許漁業権は、一般財産権と異なり正当の権原なくして単にその客体たる漁場のみを占有することは、漁業法の認許せざる所である。

（総覧三六六頁・新聞八三二号二六頁）

二―一三―七　漁業権は行政官庁の免許により生ずる一種の財産権である。

青森地裁民、明治四四年(ワ)第七三号

明四五・一〇・二〇判決、却下

関係条文　旧漁業法七条（現二三条）・民法五四五条

漁業権は行政官庁の免許によつて生ずる一種の財産権であつて、これの差押え、仮差押えはもとより法の認許するところであるので、いやしくも適法なる仮差押えが実施される以上は仮差押債権者は民事訴訟法の認める一種の担保権を漁業権の上に獲得すべきものと解する。

（総覧三六八頁・新聞八一九号二六頁）

二—一三—八　専用漁業権は、免許された一定水面を排他的に占有する権利ではない。

大審院民、昭和八年(オ)第二六四四号

昭九・四・七判決、棄却

原審　長崎控訴院

関係条文　旧漁業法五条（現六条）・七条（現二三条）

専用漁業権は、免許された一定の水面を専用して一定の水産動植物を採取捕獲することをもつてその内容とするものであつて、所有権のように当該区域の全水面を排他的に占有する権利ではないので、同漁業権の実施に妨げのない限り何人といえども当該水面の使用はこれをなし得るものと解せざるをえない。したがつて、原判決は被上告人が設備した桟橋は上告人の有する本件漁業権の実施に対し何等の障碍を与えない旨認定したものであるので、被告人の専用漁業権侵害の責に任すべきものではない。

（総覧三九頁・新聞三六八六号一七頁）

二―一三―九　専用漁業権を有する当該区域内の動植物の上に当然占有権又は所有権を取得しない。

大審院刑、大正一一年(れ)第一二九九号

大一一・一一・三判決、棄却

一審　福江区裁　　二審　長崎地裁

関係条文　旧漁業法一条（現二条）・七条（現二三条）、刑法二三五条

漁業専用区域の海中の自然に散在する岩石に海草の繁殖を容易ならしめるため漁業権者が、ある種の人工を加え又はその付近に監守者を置き他人のこれを取り去るのを防止する手段を施したとしても、これによってその岩石に付着してきた海草は直ちに漁業権者の所有に帰するものではない。他人が不法にこれを領得する行為は漁業権の侵害に当ることは勿論であるけれども、窃盗罪を構成することはない。

（総覧四二頁・刑集一巻六二二頁）

二―一三―一〇　専用漁業免許は、水面を独占する権利を付与するものではない。

行政裁、明治四〇年第三三号

明四一・一一・一九判決

関係条文　旧漁業法五条（現六条）・七条（現二三条）

一　漁業法にいわゆる専用漁業とは、一定の水面を専用し限定せられた種類の漁業を行うものであるので、その区域内において他人に定置漁業を免許するには当然、当該漁業者の承諾を必要とするものではない。

二　専用漁業免許は水面を独占する権利を付与するものではないので、その免許を受けた者は当然当該区域内に於て定置漁業を免許せられるべき権利があるということはできない。

（総覧四三頁・行録一九輯一二九八頁）

第一四節　漁業権の貸付の禁止（三〇条）

二―一四―一　漁業法第三〇条に定める漁業権の貸付の禁止は、漁業免許を停止条件とする漁業権の賃貸借をも禁ずるものと解すべきか。

仙台高裁秋田支部刑、昭和三七年(う)第五八号

昭三八・九・一判決、棄却

一審　鰺ヶ沢簡裁

関係条文　漁業法三〇条・一四一条四号

漁業法第三〇条に定める漁業権の貸付の禁止は、すでに漁業免許を受けて確定的に取得した漁業権を賃貸借の目的とする場合はもちろんのこと、免許前であっても、免許を受けた際にはその漁業権を賃貸する旨の停止条件付賃貸借をすることもまた禁じているものと解すべきである。

第三十条　漁業権は、貸付の目的となることができない。

（総覧三六九頁・仙台高裁判決速報三八年二〇号八頁）

第一五節　登録した権利者の同意（三一条）

二―一五―一　訴訟提起を理由とする予告登録がなされている場合において、原告の同意なくしてなされた漁業権の放棄の適否

福岡高裁民、昭和二九年㈧第七九七号

昭三二・七・一判決、棄却

一審　長崎地裁

関係条文　漁業法三一条・五〇条

一　漁業の免許取消訴訟係属中、漁業権者において当該漁業権を放棄した場合においては、右訴の利益は失われる。

二　予告登録は、漁業登録令第三一条所定の訴願又は訴訟の提起された事実を一般に公示し、漁業権について法律行為をなす者が不測の損害を被ることのないようにすることを目的とするのであって、訴願又は訴訟を提起した者に対し特段の権利を賦与するものではなく、したがって、訴訟提起を理由とする予告登録があるからといって、当該原告を漁業法第三一条にいう同法「第五〇条の規定により登録した権利者」であるということはできないから、同人の同意なくしてされた漁業権の放棄は有効である。

（総覧三七〇頁・行政集八巻七号一三六五頁）

第三十一条　漁業権は、第五十条の規定により登録した権利者の同意がなければ、分割し、変更し、又は放棄することができない。

2　第十三条第二項から第四項まで（同意が得られない場合等）の規定は、前項の同意に準用する。

第一六節　漁業権の共有（三二条、三三条）

二―一六―一　漁業権、入漁権の持分処分と事後同意の効力

大審院民、昭和三年(オ)第一三二六号

昭四・六・四判決、一部放棄差戻、一部棄却

一審　長崎地裁

関係条文　旧漁業法一五条（現三二条）

旧漁業法第一五条の規定は「漁業権又ハ入漁権ノ各共有者ハ他ノ共有者ノ同意アルニ非ザレバ其ノ持分ヲ処分スルコトヲ得ザル」のものであるが、その同意は処分行為以前にあることを必要とせず、処分行為後にその同意を得るに至つたときはこれと同時に将来に向つて処分の効力を生ぜしむる法意であると解する。

（総覧三七八頁・裁判例二巻四六頁）

第三十二条　漁業権の各共有者は、他の共有者の三分の二以上の同意を得なければ、その持分を処分することができない。

2　第十三条第二項から第四項まで（同意が得られない場合）の規定は、前項の同意に準用する。

第三十三条　漁業権の各共有者がその共有に属する漁業権を変更するために他の共有者の同意を得ようとする場合においては、第十三条第二項から第四項まで（同意が得られない場合等）の規定を準用する。

旧十五条　漁業権又ハ入漁権の各共有者ハ他ノ共有者ノ三分ノ二以上ノ同意アルニ非サレハ其ノ持分ヲ処分スルコトヲ得ス

第一七節　休業による漁業権の取消（三七条）

一七―一　漁業権の取消しに関する行政官庁の権能

行政裁、明治四五年第一二九号

大二・四・二六判決

関係条文　旧漁業法二二条（現三七条）

旧漁業法第二二条は行政庁に取り消し得る職権を付与したのに止まり、取り消すべき義務を負わしめたものではないので官庁の認可を経ないで引き続き二年間漁具を敷設しない事実があり、行政庁が免許を取り消すのが相当であると認めた場合にのみ取消処分を為すことは違法ではない。

（総覧三八二頁・行録二四輯三七五頁）

一七―二　引き続き二年以上休業した場合に漁業の免許を取り消した事例

行政裁、大正一二年第一二八号

大一三・一二・二六判決

関係条文　旧漁業法二二条（現三七条）

引き続き二年以上休業した漁業の免許を取り消した処分は違法ではない。

（総覧三八五頁・行録三五輯一〇二〇頁）

第三十七条　免許を受けた日から一年間、又は引き続き二年間休業したときは、都道府県知事は、その漁業権を取り消すことができる。

2　漁業権者の責に帰すべき事由による場合を除き、第三十九条第一項の規定に基く処分、第六十五条第一項の規定に基く命令、第六十七条第一項の規定に基く指示又は同条第七項の規定に基く命令により漁業権の行使を停止された期間は、前項の期間に算入しない。

3　第一項の規定により漁業権を取り消そうとするときは、都道府県知事は、海区漁業調整委員会の意見をきかなければならない。

4　前項の場合には、第三十四条第四項（聴聞）の規定を準用する。

旧二十二条　漁業ノ免許ヲ受ケタル日

第一八節　公益上の必要による漁業権の変更、取消し又は行使の停止（三九条）

二―一八―一　漁業法に基づき、水俣湾内外周辺における漁獲禁止及びそこで採捕された魚介類の販売禁止を求める義務付け訴訟が、不適法として却下された事例

福岡高裁民、平成四年(行コ)第六号

平四・八・六判決、棄却

一審　熊本地裁

関係条文　漁業法一条・三九条一項、食品衛生法四条・二二条

漁業法は、同法第一条の規定からすると、漁業生産力の発展とともに漁業

ヨリ一年間其ノ漁業ニ従事スル者ナキトキ又ハ引続キ二年間休業シタルトキハ行政庁ハ其ノ免許ヲ取消スコトヲ得

旧二十三条　行政庁ノ認可ヲ得テ漁業ヲ為ササル期間及第二十四条第一項ノ規定ニ依リ又ハ第三十四条ノ規定ニ基ク命令ニ依リ漁業ヲ停止セラレタル期間ハ前条ノ期間ニ之ヲ算入セス

第三十九条　漁業調整、船舶の航行、てい泊、けい留、水底電線の敷設その他公益上必要があると認めるときは、都道府県知事は、漁業権を変更し、取り消し、又はその行使の停止を命ずることができる。

2　漁業権者が漁業に関する法令の規定に違反したときもまた前項に同じ

の民主化を目的とする法律であって、食生活上の国民の生命健康の被害の防止ないし安全の確保を目的としたものではないから、同法第三九条第一項に定められている被告熊本県知事の処分権限は漁業調整、船舶の航行、てい泊、けい留、水底電線の敷設その他以上の場合に類するような公益上の必要がある場合に限って行使されることが予定されているものと解される。そして、漁業法上、国民の生命、健康の被害の防止ないし安全の確保のために、都道府県知事をして漁業協同組合に対し漁業権行使の停止を一義的で明白に裁量の余地なく義務付けた規定は存在しない。

（総覧続巻一九六頁・自治九七号八〇頁）

二一一八一二　公益上の必要のため漁業権を消滅させる方法に関する行政官庁の判断

仙台高裁民、昭和六〇年(行コ)第八号

昭・六二・九・二八判決棄却

一審　青森地裁

関係条文　漁業法三九条、公有水面埋立法二条・四条・六条

都道府県知事において、公益上の必要のため漁業権を消滅させるにつき、漁業法第三九条による一方的な漁業権の取消の方法によるか、それとも漁業協同組合との協定により漁業権を放棄させる方法によるかは、一方的取消によって漁民が生活の基盤としている漁業権を消滅させることの当否、これが漁民等の生活や事業の円滑な進行に与える影響の度合、また右のような一方

である。

3　前二項の規定による処分をしようとするときは、都道府県知事は、海区漁業調整委員会の意見をきかなければならない。

4　前項の場合には、第三十四条第四項（聴聞）の規定を準用する。

（以下略）

旧二十四条①　水産動植物ノ蕃殖保護、船舶ノ航行碇泊繫留若ハ水底電線ノ敷設ノ必要アルトキ又ハ公益上害アルトキハ主務大臣ハ免許シタル漁業ヲ制限シ、停止シ又ハ免許ヲ取消スコトヲ得

②　漁業権者ニシテ本法又ハ本法ニ基キテ発スル命令ニ違反シタルトキハ漁業ヲ制限シ又ハ停止スルコトヲ得

〈明治四三年法律第五八号による改正前のもの〉

旧九条　行政官庁ハ水産動植物ノ蕃殖保護其ノ他公益上必要アリト認ムル

的取消によらずに合意によって漁業権を放棄せしめるための交渉の難易や妥協補償額の見込等一切の事情を総合考慮して判断すべき事柄であり、知事の裁量に委ねられる問題である。

（総覧続巻五八六頁・自治四三号七二頁）

二―一八―三　さく河魚類の通路の保護のため旧漁業法第九条（現第三九条）を発動した事例

行政裁、明治四一年第八五号

明四二・五・二六判決

関係条文　旧漁業法改正前の九条（現三九条）

鮭地曳網漁業が、鮭魚が川口に入るのを阻止しその蕃殖を妨げる場合において、当該行政庁が当該漁業を公益を害するものとしその漁場区域を制限したるのは相当である。

（総覧三八七頁・行録二〇輯六五七頁）

第一九節　錯誤によってした免許の取消し（四〇条）

二―一九―一　錯誤による定置漁業権の免許の取消しが適法な事例

行政裁、大正四年第一二三号

大六・七・一四判決

関係条文　旧漁業法二五条（現四〇条）、旧漁業法施行規則一七条・

トキハ漁業免許ヲ制限シ若ハ停止シ又ハ之ヲ取消スコトヲ得

漁業者ニシテ本法又ハ本法ニ基ツキテ発スル命令ノ規定ニ違背シタルトキ又前項ニ同シ

第四十条　錯誤により免許をした場合においてこれを取り消そうとするときは、都道府県知事は、海区漁業調整委員会の意見をきかなければなら

三四条

旧漁業法施行規則第一七条により、出願を拒否することを要する事由があるに拘わらず何等の支障がないと誤信し定置漁業の免許を与えた行政官庁が、旧漁業法第二五条、同法施行規則第三四条によりその免許を取り消したのは違法ではない。

（総覧三八九頁・行録二八輯六巻五三二頁）

二—一九—二　誤謬の漁業の免許の訂正に関する行政官庁の権能

行政裁、明治三九年第一四五号

明三九・七・六判決

関係条文　旧漁業法二五条（現四〇条）

行政官庁は、誤謬によつて漁業免許を与えたことを発見したときはこれを訂正する権能を有する。

（総覧八一一頁・行録一七輯四二〇頁）

第二〇節　登　録（五〇条）

二—二〇—一　現に漁業権を有する者が、その権利を自己に保有しながら他人に単に漁業権者の名義のみを保たせしめることは許されない。

ない。

旧二十五条　錯誤ニ依リ漁業ノ免許ヲ与ヘタルトキハ行政庁ハ之ヲ取消スコトヲ得

旧施行規則十七条　水産動植物ノ蕃殖保護其ノ他公益上必要アリト認ムルトキ又ハ漁業ノ価値ナシト認ムルトキハ漁業ノ免許ヲ与ヘス」漁業権者及登録シタル権利者ノ同意アル場合ヲ除クノ外既ニ免許ヲ与ヘタル漁業ト相容レスト認ムルトキ亦前項ニ同シ

旧施行規則三十四条　漁業法第二十五条ノ規定ニ依リ地方長官漁業ノ免許ヲ取消サムトスルトキハ農商務大臣ノ認可ヲ受クヘシ

第五十条　漁業権、これを目的とする先取特権、抵当権及び入漁権の設定、保存、移転、変更、消滅及び処分の

大審院民、大正二年(オ)第五〇八号

大二・六二・二六判決、却下

一審 樺太地裁 二審 函館控訴院

関係条文 旧漁業法二六条(現五〇条)・三条(現九条)

一 旧漁業法上漁業原簿は行政官庁が漁業を監視する上における便宜のためであると同時に、利害関係を有する第三者の便宜のために設備されるものであるから、これに登録する事項は実際と符合することを期せなければならない。

二 旧漁業法施行規則第三三条によれば、漁業権を有する者といえども既にこれを失つた以上は、三〇日の期間後なお漁業権者の名義を保つことを許されないとともに、相続、譲渡若しくは共有により新たに漁業権を取得した者がその前主に、漁業権者の名義を保たしめることを許されないものであるから、現に漁業権を有する者がその権利を自己に保有しながら他人をして単に漁業権者の名義のみを保たしめることは、目的の如何にかかわらず漁業法の許されないところである。 (総覧三九一頁・民録一九輯三〇巻一〇九六頁)

二—二〇—二 漁業権入漁権の登録は、その権利の存否、内容及び範囲を確定する行政処分ではない。

大審院民、明治四四年(オ)第二一〇号

明四四・一一・二七判決、棄却

制限並びに第三十九条第一項又は第二項の規定による漁業権の行使の停止及びその解除は、免許漁業原簿に登録する。

2 前項の登録は、登記に代るものとする。

3 前二項に規定するものの外、登録に関して必要な規定は、命令で定める。

旧二十六条 ①免許漁業原簿ノ登録ハ登記ニ代ハルモノトス

② 登録ニ関スル規程ハ命令ヲ以テ之ヲ定ム

旧施行規則三十三条 漁業権ノ相続、譲渡若ハ共有アリタルトキハ相続人又ハ当事者双方ハ申請書ニ其ノ事由ヲ証スヘキ書面及免許状ヲ添附シ三十日以内ニ免許状ノ書換ヲ行政官庁ニ申請スヘシ前項ノ規定ハ代表者ニ変更アリタル場合ニ之ヲ準用ス

一審　森岡地裁　　二審　宮崎控訴院

関係条文　旧漁業法二六条（現五〇条）

一　入漁権なるものは旧漁業法においても新漁業法におけると同じく慣行又は契約により生ずる純然たる私法上の権利であって、行政処分をもって授与する専用権ではない。したがってこれが存否を確定するのは司法裁判所の職権に属するものである。

二　旧漁業法における入漁権の登録及び新漁業法における漁業権、入漁権の登録はその権利の存否内容及び範囲を確定する行政処分ではなく単にこれを公示する行政上の手続であるのに過ぎない。したがっていやしくも当該申請が形式上の要件を具備するときは登録官吏はこれを受理し登録をなすべき義務があるものと解する。

（総覧三九四頁・民録一七輯六六九頁）

二―二〇―三　仮登録と内容を異にする本登録は、順位保全の効力を有しない。

大審院民、大正六年(オ)第八五八号

大六・一二・二六判決、棄却

一審　新潟地裁　　二審　東京控訴院

関係条文　旧漁業法二六条（現五〇条）

漁業権に対する仮登録が権利の順位保全の効力を有するには、後に同一内容を有する権利につき本登録をすることを要するものであって、本登録とその保全すべき権利の内容を異にするときは仮登録は無効であって権利の順位保全の効力を有しないものである。

（総覧三九八頁・民録二二―二三八頁）

二―二〇―四　入漁登録と慣行の推認

盛岡地裁民、大正八年(ワ)第五〇号

大一四・六・一九判決、棄却

関係条文　旧漁業法二六条（現五〇条）

他人の専用漁場に入漁する権利を有する者が、登録を受けようとするときは当事者双方が連印して申請すべきであるが、連印を得ることができないときはその事由を具しこれを申請すべきである。したがって、当該管轄行政庁においてもまた相当の調査を行った上で入漁するにいたった慣行の事実を認めて入漁登録を為したものと推定するを相当とす。

（総覧四〇二頁・民録二三輯二二三八頁）

二―二〇―五　漁業権の登録申請義務履行地について

樺太地裁民、大正三年(ワ)第二号

大三判決、棄却

関係条文　旧漁業法二六条（現五〇条）、民法四八四条

漁業権に関する登録申請は当該漁業権に付き免許を与えた行政官庁に対して為すべきものであるので、登録申請の履行は性質上右行政官庁においての

み実現せられるべきものである。したがつて、登録申請の義務もまた官庁の所在地をもつてその履行地と為すべく、即ち義務自体の性質上履行地が一定する場合であるので、民法第四八四条をもつて律すべき限りではない。
（総覧四〇三頁・新聞九七五号二六頁）

二―二〇―六　漁業権の移転登録の抹消を請求し得べき者

札幌控訴院民、大正九年(ネ)第五六号
大一一・三・三〇判決、廃棄
関係条文　旧漁業法二六条（現五〇条）

漁業権は物権と看做されるものであつて、その移転登録の抹消を請求し得べき者は現存の登録名義人ではなくして、現に事実上その漁業権を有する者又はその者の権利を行う者でなければならない。
（総覧四〇六頁・新聞二〇三八号一五頁）

二―二〇―七　入漁権の登録処分は、営業免許処分に当らない。

行政裁、明治四四年第一三一号
明四四・九・二九判決
関係条文　旧漁業法一二条（現七条）・二六条（現五〇条）

入漁権に関しては漁業法において免許又は許可の処分を認めず、これに関してはただ登録処分を認めるのみであつて、入漁の権利ある漁業者を免許漁業原簿に登録した処分の如きは漁業免許というべきものではない。したがつてこれに対しては行政訴訟を提起することはできない。

（総覧五七頁・行録二二輯九三六頁）

二一二〇―八　入漁権の登録処分は、行政訴訟の対象とならない。

行政裁、明治四四年第一四八号

明四四・一〇・一三裁決、却下

関係条文　旧漁業法一二条（現七条）・二六条（現五〇条）

入漁権に関しては漁業法その他の法令において免許又は許可の処分を認めない。これに関してはただ登録処分を認めるのみであつて、登録処分に対しては行政訴訟を提起することはできない。

（総覧八一三頁・行録二二輯一二三七頁）

二一二〇―九　漁業権の登録名義変更請求を本案訴訟とする仮処分の失当なる事例

大審院民、大正元年(オ)第一三四号

大二・三・一四判決、一部を除き破棄自判

一審　函館地裁　　二審　函館控訴院

関係条文　旧漁業法七条（現二三条）・二六条（現五〇条）

免許漁業権登録書換の請求は意思の陳述を求めるものであるので、その判決の確定前において判決確定と同一の効果を有する仮処分命令を発し請求権をもつて漁業権者となすことはできない。

（総覧三六一頁・民録一九輯六巻一二八頁）

第三章　指定漁業

第一節　指定漁業の許可（五二条）

三―一―一　沖合底びき網漁業及び小型底びき網漁業の不許可処分に対する損害賠償の訴えが棄却された事例

福島地裁民、平成五年(ワ)第四三号
平六・一・三一判決、棄却
関係条文　漁業法五二条一項・六六条一項、国家賠償法一条一項・二条一項

沖合底びき網漁業及び小型底びき網漁業の各許可申請に対し、農林水産大臣及び福島県知事が意を通じ、経済的制裁を加える目的で原告を差別して扱い、いずれも許可を与えなかつたとする損害賠償請求に対し、原告を差別して取り扱つたものであることを認めるに足りる証拠はない。

（総覧続巻二〇一頁・自治一三一号一〇五頁）

三―一―二　同一人が漁業会社代表取締役並びに個人漁業経営者の場合の刑罰の擬律

仙台高裁刑、昭和三九年(う)第一四号
昭四〇・五・一〇判決、破棄自判（確定）

第五十二条　船舶により行なう漁業であつて政令で定めるもの（以下「指定漁業」という。）を営もうとする者は、船舶ごとに（母船式漁業（製造設備、冷蔵設備その他の処理設備を有する母船及びこれと一体となつて当該漁業に従事する独航船その他の省令で定める船舶（以下「独航船等」という。）により行なう指定漁業をいう。以下同じ。）にあつては、母船及び独航船等ごとにそれぞれ）、主務大臣の許可を受けなければならない。

（以下略）

一審　盛岡地裁遠野支部

関係条文　指定漁業の許可及び取締り等に関する省令付則二条・一六条、中型かつお・まぐろ漁業取締規則二条（現漁業法五二条一項）

被告人みずからが個人経営者として指定漁業の許可及び取締り等に関する省令附則第一六条による中型かつお・まぐろ漁業取締規則第二条に違反したという公訴事実と、たとえ同一人であっても法人の代表者として、業務に関して右の違反行為をした場合とでは、その行為の効果の帰属する主体を異にするし、没収、追徴等の附帯の処分にも影響するのであるから、両者は基本たる事実関係を異にし、その間に公訴事実の同一性を認めることはできない。

（総覧四〇八頁・高裁刑集一八巻五号一六八頁）

三―一―三　農林大臣の許可を受け指定漁業を営むことができる地位と担保の目的

最高裁三小民、昭和五四年(オ)第二四三号

昭五四・一二・一八判決、棄却

一審　静岡地裁　　二審　東京高裁

関係条文　漁業法五二条、民法五〇二条

一　農林大臣の許可を受け船舶を使用して指定漁業を営むことができる地位は、右船舶を担保とするにあたりこれとともにする場合には、担保の目的とすることができる。

〈指定漁業の許可及び取締り等に関する省令〉

第六十八条　中型さけ・ます流し網漁業の許可を受けた者（以下「中型さけ・ます流し網漁業者」という。）は、北緯四十八度の線以北の太平洋の海域においては、当該漁業を営んではならない。

二　民法第五〇四条の担保には右の地位の担保も包含される。
（総覧四一一頁・金融商事五八八号二〇頁）

三―一―四　いわゆる漁権が抵当権の設定されている漁船と一体として任意売却された場合には、民法第五〇四条を類推適用するのが相当である。

東京高裁民、昭和四九年㈹第一二八四号
昭五四・三・二六判決、破棄自判（上告）
一審　静岡地裁
関係条文　漁業法五二条、民法五〇四条

漁権（許可を受け指定漁業を営むことのできる地位）は民法第五〇四条にいう特別担保ではないけれども、船舶抵当権と一体として取引上担保価値が把握されていることから、代位権者の期待保護という観点上同条に直接該当する担保と同様に遇されるべきものであり、漁業権が漁船と一体として任意売却された場合は同条が類推適用され、保証人は債権者が適切な充当方法をとつた場合に当該主債務に充当されるべき限度において免責される。
（総覧四一九頁・時報九二六号五八頁）

三―一―五　わが国とアメリカ・カナダ間の北太平洋の公海漁業に関する国際条約により、わが国がさけ・ます漁業の許可をすることができない海域におけるさけ・ます漁業の違反漁業に対する法令の適用

附則第十六条　この省令の施行前にした行為に対する漁業取締り上行なう行政庁の処分についての規定の適用及び罰則の適用については、なお従前の例による。

〈中型かつお・まぐろ漁業取締規則〉

第二条　中型かつお・まぐろ漁業は、農林大臣の許可を受けなければ、これを営むことができない。

第十八条　第一項第一号第二項　次の各号の一に該当する者は、二年以下の懲役若しくは五万円以下の罰金に処し、又はこれを併科する。
一　第二条又は第十条の二の規定に違反した者
（二号、三号省略）
前項の場合においては、犯人が所有し、又は所持する漁獲物、製品、漁船及び漁具は没収することができる。

釧路地裁刑、昭和四八年(わ)第一二二号
昭四八・一一・九判決、確定
関係条文　漁業法五二条一項・一三八条四号・一四五条、指定漁業の許可及び取締り等に関する省令六八条・一〇六条一項

わが国とアメリカ・カナダ間の北太平洋の公海漁業に関する国際条約によりわが国がさけ・ます漁業の許可をすることができない海域におけるさけ・ます漁業の違反漁業に対しては、漁業法第五二条第一項の違反罪が成立し、指定漁業の許可及び取締り等に関する省令第六八条の違反罪は成立しない。（総覧四二五頁・刑裁月報五巻一一号一四四八頁）

三―一―六　漁業法違反幇助罪と指定漁業の許可及び取締りに関する省令違反の罪との関係

札幌高裁刑、昭和四〇年(う)第八三号
昭四〇・七・六判決、棄却
一審　釧路地裁
関係条文　漁業法五二条一項・一三八条四号・一四五条、指定漁業の許可及び取締り等に関する省令六八条・一〇六条一項

農林大臣の許可を受けないで指定漁業である中型さけ・ます流し網漁業を営んだ者の犯行を幇助した者が、その違反漁獲物を引きとつて所持販売した場合には、漁業法違反幇助罪と指定漁業の許可及び取締りに関する省令違反の罪との二罪が成立し、後者が前者に吸収される関係にあるものではない。

但し、犯人が所有していたこれらの物件の全部又は一部を没収することができないときは、その価額を徴収することができる。

第二十条　法人の代表者又は法人若しくは人の代理人、使用人その他の従事者が、その法人又は人の業務又は財産に関して、第十八条第一項又は前条の違反行為をしたときは、行為者を罰する外、その法人又は人に対し、各本条の罰金刑を科する。

（総覧四二九頁・札幌高裁速報五五号三四頁）

第二節　公示に基づく許可等（五八条の二）

三―二―一　漁業法第五八条の二は、起業認可を得ることにより、これが実績として評価され、他の申請に優先して許可又は起業の認可が与えられる旨の規定である。

東京高裁民、昭和五六年(行コ)第八号

昭五六・八・二七判決、棄却（確定）

一審　東京地裁

関係条文　漁業法五八条の二・三項・一三五条の二、行訴法三条二項・三項・一〇条二項

漁業法第五八条の二、第三項によれば、起業認可を得ることにより許可期間の満了に伴う次期申請時において、右認可はいわゆる実績として評価され、他の申請に優先して許可又は起業の認可が与えられる旨規定されているのであるから、操業期間の終了による操業不能のみをもつて訴えの利益がないとすることはできない。

（総覧続巻二〇三頁・行政集三二巻八号一四七二頁）

第五十八条の二　前条第一項の規定により公示した許可又は起業の認可を申請すべき期間内に許可又は起業の認可を申請した者の申請に対しては、同項の規定により公示した事項の内容と異なる申請である場合及び第五十六条第一項各号の一に該当する場合を除き、許可又は起業の認可をしなければならない。ただし、当該申請が母船式漁業に係る場合において、当該申請が前条第一項の規定により公示した事項の内容に適合する場合及び第五十六条第一項各号の一に該当しない場合であつても、当該申請に係る母船と同一の船団に属する独航船等についての申請の全部又は当該申請に係る独航船等と同一

の船団に属する母船についての申請が前条第一項の規定により公示した事項の内容と異なる申請である場合及び第五十六条第一項各号の一に該当するときは、この限りでない。

2 （略）

3 主務大臣は、第一項の規定により許可又は起業の認可をしなければならない申請に係る船舶の隻数が前条第一項の規定により公示した船舶の隻数をこえる場合において、その申請のうちに現に当該指定漁業の許可又は起業の認可を受けている者（当該指定漁業の許可の有効期間の満了日が前条第一項の規定により公示した許可又は起業の認可を申請すべき期間の末日以前である場合にあつては、当該許可の有効期間の満了日において当該指定漁業の許可又は起業の認可を受けていた者）が当該指定漁業の許可の有効期間（起業の認可

第三節　許可の特例（五九条の二）

三—三—一　漁業許可権の無償譲渡は、国税徴収法第三九条にいう「第三者に利益を与える処分」に該当するか。

広島高裁民、昭和四五年㈴第二三三号、同四七年㈴第一一二〇号
昭四九・四・二四判決、棄却

を受けており又は受けていた者にあつては、当該起業の認可に係る指定漁業の許可の有効期間）の満了日の到来のため当該許可又は起業の認可に係る船舶と同一の船舶についてした申請（母船式漁業にあつては、同一の船団に属する母船及び独航船等の全部について、当該許可又は起業の認可に係る母船又は独航船等と同一の母船又は独航船等についてした申請）があるときは、前項の規定にかかわらず、その申請に対して、他の申請に優先して許可又は起業の認可をしなければならない。

第五十九条の二　指定漁業の許可を受けた者から、その許可の有効期間中に、許可を受けた船舶（母船式漁業にあつては、母船又は独航船等。以

一審　山口地裁下関支部

関係条文　漁業法五九条の二、国税収法三九条

法律上厳格な意味においては、漁業許可権は譲渡の対象となし得る財産とはいえないにしても、当事者間で下交渉をして代金額等を決めた上、譲受人に新たな許可を与えられることを条件として譲渡人から農林大臣に廃業届を提出し、農林大臣が譲受人に新たな許可を与えるという方法で実質上の譲渡が無償で行われた場合には、国税徴収法第三九条にいう「第三者に利益を与える処分」に該当するというべきである。

（総覧四三二頁・訟務月報二〇巻八号七頁）

下この項において同じ。）を譲り受け、借り受け、その返還を受け、その他相続又は合併以外の事由により当該船舶を使用する権利を取得して当該指定漁業を営もうとする者が、当該船舶について指定漁業の許可又は起業の認可を申請した場合において、その申請が次のいずれかの場合に該当し、かつ、その申請の内容が従前の許可を受けた内容と同一であるときは、第五十六条第一項各号の一に該当する場合を除き、指定漁業の許可又は起業の認可をしなければならない。

（以下略）

第四章　漁業調整

第一節　漁業調整に関する命令（六五条）

一　都道府県規則関係

㈠　北海道漁業調整規則

四―一―一　色丹島から一二海里以内の海域及び同島から一二海里を超え二〇〇海里内の海域において日本国民が北海道海面漁業調整規則（平成二年北海道規則第一三号による改正前のもの）第五条第一五号に掲げる漁業を営むことと道規則第五五条一項一号の適用

最高裁三小刑、平成四(あ)第四六六号
平八・三・二六決定、上告棄却
一審　釧路地裁　二審　札幌高裁
関係条文　漁業法六五条、水産資源保護法四条一項、北海道海面漁業調整規則（平成二年北海道規則第一三号改正前）五条一五号・五五条一項一号

北海道海面漁業調整規則（平成二年北海道規則第一三号による改正前のもの）第五条第一五号により日本国民が色丹島から一二海里以内の海域及び同

第六十五条　主務大臣又は都道府県知事は、漁業取締その他漁業調整のため、左に掲げる事項に関して必要な省令又は規則を定めることができる。

一　水産動植物の採捕又は処理に関する制限又は禁止
二　水産動植物若しくはその製品の販売又は所持に関する制限又は禁止
三　漁具又は漁船に関する制限又は禁止

島から一二海里を超え二〇〇海里内の海域において同号に掲げる漁業を営むことは禁止され、これに違反した者は、道規則第五五条第一項第一号による処罰を免れない。

（総覧続巻二一二頁・タイムズ九〇五号一三六頁）

四―一―二　北海道海面漁業調整規則第三六条の規定が、国後島ノツテツト崎西方約三海里付近の海域に及ぶか。

最高裁一小刑、昭和四四年(あ)第二七三六号

昭四六・四・二二判決、破棄差戻

一審　釧路地裁　二審　札幌高裁

関係条文　漁業法六五条一項・三条・四条、水産資源保護法四条一項、二条・三条、北海道海面漁業調整規則（昭和三九年規則二三二号）一条・三一条・三六条・五五条

一　北海道海面漁業調整規則第三六条は、北海道地先海面であって、漁業法、水産資源保護法及び北海道海面漁業調整規則の目的である水産資源の保護培養及び維持並びに漁業秩序の確立のための漁業取締りその他漁業調整を必要とする範囲の、わが国領海における漁業及び公海における日本国民の漁業のほか、これらのわが国領海及び公海と連接して一体をなす外国の領海における日本国民の漁業にも適用される。

二　北海道海面漁業調整規則第五五条は、わが国領海における同規則第三六条違反の行為のほか、公海及びこれらと連接して一体をなす外国の領海に

四　漁業者の数又は資格に関する制限

2　前項の規定による省令又は規則には、必要な罰則を設けることができる。

3　前項の罰則に規定することができる罰は、省令にあっては二年以下の懲役、五十万円以下の罰金、拘置若しくは科料又はこれらの併科、規則にあっては六箇月以下の懲役、十万円以下の罰金、拘留若しくは科料又はこれらの併科とする。

4　第一項の規定による省令又は規則には、犯人が所有し、又は所持する漁獲物、製品、漁船及び漁具その他水産動植物の採捕の用に供される物の没収並びに犯人が所有していたこれらの物件の全部又は一部を没収することができない場合におけるその価額の追徴に関する規定を設けることができる。

おいて日本国民がした同規則第三六条違反の行為（国外犯）をも処罰する旨を定めたものである。

三　北海道海面漁業調整規則第三六条により日本国民が国後島ノツテット崎西方約三海里付近の海域において同条に掲げる漁業を営むことは禁止され、これに違反した者は、同規則第五五条による処罰を免れない。

（総覧四四四頁・最高裁刑集二五巻三号四五一頁）

四―一―三　北海道漁業調整規則の適用される海面の範囲

最高裁二小刑、昭和三四年(あ)第二一四三号

昭三五・一二・一六判決、棄却

一審　石巻簡裁　二審　仙台高裁

関係条文　漁業法六五条一項　条、水産資源保護法四条一項、北海道漁業調整規則一条・六六条・六九条

北海道漁業調整規則の適用される海面は、同規則の目的とする漁業調整上その調整を必要とし、かつ北海道知事の漁業取締上可能な水域である。

（総覧四七八頁・裁判集一三六号六七七頁）

四―一―四　北海道地先海面の範囲

最高裁一小刑、昭和四四年(あ)第二七五九号

昭四六・四・二二判決、破棄差戻

一審　釧路地裁　二審　札幌高裁

5　主務大臣は、第一項の省令を定めようとするときは、中央漁業調整審議会の意見をきかなければならない。

6　都道府県知事は、第一項の規則を定めようとするときは、主務大臣の認可を受けなければならない。

7　都道府県知事は、第一項の規則を定めようとするときは、第八十四条第一項に規定する海面に係るものにあつては関係海区漁業調整委員会の意見を、内水面に係るものにあつては内水面漁業管理委員会の意見をきかなければならない。

旧三十四条　①都道府県知事ハ水産動植物ノ蕃殖保護又ハ漁業取締ノ為主務大臣ノ認可ヲ得テ左ノ命令ヲ発スルコトヲ得

一　水産動植物ノ採捕ニ関スル制限又ハ禁止

二　水産動植物若ハ其ノ製品ノ販売

関係条文　漁業法六六条一項・一三八条六号、北海道海面漁業調整規則（昭和三九年規則一三二号）一条

北海道地先海面に関しては、漁業法第六六条第一項は、北海道地先海面であって、漁業法及び同法に基づく北海道海面漁業調整規則の目的である漁業秩序の確立のための漁業取締りその他漁業調整を必要とする範囲の、わが国領海における漁業及び公海における日本国民の漁業のほか、これらのわが国領海及び公海と連接して一体をなす外国の領海における日本国民の漁業にも適用される。（総覧七〇六頁・最高裁刑集二五巻三号四九二頁）

四—一—五　密漁に使用した漁船の船体等の没収が相当とされた事例

最高裁一小刑、平成元年(あ)第一三七四号

平二・六・二八決定、棄却

一審　釧路地裁　二審　札幌高裁

関係条文　北海道海面漁業調整規則（昭和三九年規則一三二号）五条一項・五五条一項二号・二項、刑訴法四一一条

被告人が海上保安庁の巡視艇等の追尾を振り切るためなどに船体に無線機、レーダー及び高出力の船外機等を装備した漁船を使用し、共犯者らを乗り組ませるなどして、北海道海面漁業調整規則に違反する漁業を営んだという本件事案の下において、同規則第五五条第二項本文により右船舶船体等をその所有者である被告人から没収することは相当である。

又ハ所持ニ関スル制限若ハ禁止
三　漁具又ハ漁船ニ関スル制限若ハ禁止
四　漁業者ノ数又ハ資格ニ関スル制限
五　水産動植物ニ有害ナル物ノ遺棄又ハ漏泄ニ関スル制限又ハ禁止
六　水産動植物ノ蕃殖保護ニ必要ナル物ノ採取又ハ除去ニ関スル制限若シクハ禁止
七　水産動植物ノ移植ニ関スル制限又ハ禁止
②　主務大臣ニ於テ前項ノ制限又ハ禁止ヲ為スノ必要アリト認ムルトキハ命令ヲ以テ之ヲ定ムルコトヲ得
③　前項ノ規定ニ依ル命令ニハ必要ナル罰則ヲ設クルコトヲ得
④　前項ノ罰則ニ規定スルコトヲ得ル罰ハ三月以下ノ懲役若ハ禁錮又ハ千円以下ノ罰金若ハ科料トス
⑤　第二項ノ命令ニハ犯人ノ所有シ又

（総覧続巻二二四頁・最高裁刑集四四巻四号三九六頁・時報一三五号一五六頁）

四―一―六 道府県規則に基づく禁漁区と漁業権の関係

東京高裁刑、昭和二二年(れ)第一一五〇号

昭二三・二・一六判決、棄却

一審 函館区裁 二審 函館地裁

関係条文 旧漁業法五条（現六条）、北海道漁業取締規則三五条・三六条

北海道庁長官が禁漁区と指定した場所が、同時に鰮地曳網の専用漁業権の許容区域内である場合には、右専用漁業権者といえども、鰮以外の魚たる鮭を捕獲する目的をもつて鰮地引網を使用して鮭を捕獲することは、北海道漁業取締規則に違反する行為である。

（総覧 四七頁・高裁刑集一巻一号二九頁）

四―一―七 一 日ソ合併企業との間のかにの採捕・加工等の共同事業を目的とする契約に基づく色丹島周辺海域内でのかにかご漁が北海道海面漁業調整規則第五条のかにかご漁業を営んだものにあたるとされた事例

二 旧ソ連漁業省のかに漁業の許可に基づく色丹島周辺海域内でのかにかご漁業について北海道海面漁業調整規則第五五条

ハ所持スル漁獲物、製品、漁具及第一項第七号ノ水産動植物ノ没収並犯人ノ所有シタル前記物件ノ全部又ハ一部ヲ没収スルコト能ハサル場合ニ於テ其ノ価額ノ追徴ニ関スル規定ヲ設クルコトヲ得

〈北海道海面漁業調整規則〉

第一条 この規則は、漁業法第八十四条第一項に規定する海面における水産資源の保護培養及びその維持を期し並びに漁業取締りその他漁業調整を図り漁業秩序の確立を期することを目的とする。

第五条 漁業法第六十六条第一項に規定する漁業のほか、次に掲げる漁業を営もうとする者は、第一号から第二十一号までに掲げるものにあつては当該漁業ごと及び船舶ごとに、その他の漁業にあつては当該漁業ごとに知事の許可を受けなければならな

違反の罪が成立するとされた事例

札幌高裁刑、平成三年(う)第五七号
平四・四・一六判決、控訴棄却（上告）
一審　釧路地裁
関係条文　漁業法六五条一項、水産資源保護法四条一項、北海道海面漁業調整規則（平成二年改正前）五条一五号（現一七号）・五五条一項一号・五七条

一　北海道海面漁業調整規則第五条にいう「漁業を営む者」は、自己の名をもつて営業としての漁業を経営する者でなければならず、たとえ操業に必要な漁獲割当枠の提供ないし操業許可証の交付等に関与したとしても、当該漁業（営業）の経営に参画しない者はこれに当たらない。本件かにかご漁業は、ウタリ共同の代表者である被告人等が、ウタリ共同の業務として行うことを計画し、必要な動力漁船（第二新博丸）、漁具等を借入れ又は購入する等し、又、その船長を雇用し、同人の指揮の下でかにかご漁に従事する乗組員らを雇用する等してその操業の態勢を整えて行ったものであること、船長以下乗組員は、いずれもウタリ共同の従業員としてウタリ共同のため本件かにかご漁に従事したものであり「漁業従事者」に当たること、採捕にかかる本件かに類の所有権はウタリ共同が取得しこれを他に売却していること（反面、ウタリ共同は、アニワに対し漁獲トン数に応じた対価を支払う）、なお、アニワがウタリ共同から第二新博丸を雇用した事実はないこと等の事情から、本件かにかご

い。ただし、漁業権又は入漁権に基づいて営む場合（第二十五号に掲げる漁業を営む場合を除く。）は、この限りでない。

十七　かにかご漁業（動力漁船を使用するものに限る。）

十九　つぶかに漁業（動力漁船を使用するものに限る。）

第三十六条　次に掲げる漁業は、営んではならない。ただし、漁業権又は入漁権に基づいてする場合は、この限りでない。（以下略）

第五十五条　次の各号の一に該当する者は、六箇月以下の懲役若しくは一万円以下の罰金に処し、又はこれを併科する。

一　第五条、第十三条、第三十三条第一項、第三十四条から第四十二条まで、第四十三条第一項又は第四十五条第六項の規定に違反した者（以下略）

漁業は、ウタリ共同がその事業主体であることが明らかである。

二　ウタリ共同の第二新博丸が、旧ソ連漁業省から旧ソ連経済水域内における操業許可を受けていたとしても、北海道海面漁業調整規則第五条第一五号は、日本国民が外国の領海等においてかにかご漁業を営む場合にも、属人的にこれを適用する趣旨を含むものである。したがつて、その罰則規定の同規則第五五条第一項第一号も、日本国民がした右違反の行為（外国犯）をも処罰する旨を定めたものとし、日本国民がわが国の漁業法規上の許可を受けることなく、主務大臣又は北海道知事が取締りを行うことが可能な範囲の海面に連接して一体をなす外国の領海等においてかにかご漁業を営むときは、当該外国の権限ある機関の許可に基づいて行う場合でも、かかる場合には本件規則の適用を排除する旨の日ソ間の合意が存在しない限り、本件規則第五五条第一項第一号の適用を免れることはできない。

（総覧続巻二二七頁・タイムズ八〇一号二五一頁・時報一三八三号一七三頁・高裁速報一四一号一一三頁）

四―一―八　巻貝の採捕に関し、動力漁船を使用して営む「つぶかご漁業」を知事の許可にかからしめ、これに違反した者を処罰することとしている北海道海面漁業調整規則は、これに使用されている「つぶ」の概念が極めて多義的で不明確であり、このようなあいまいな用語で刑罰法規の犯罪構成要件を定めることは罰刑法定主義に

反して許されず、憲法に違反するとの主張を排斥した事例

札幌高裁刑、昭和六三年(う)第六三号

昭六三・三・二四判決、控訴棄却(上告)

一審　室蘭簡裁

関係条文　北海道海面漁業調整規則五条・五五条、憲法三一条、刑法第一編(刑罰法定主義)

つぶという名称は、北海道地方において一般的におこなわれている方言として、広く巻貝一般を指称し、狭くはエゾバイ科を中心とする巻貝の呼称として用いられており、多義的であるといえるが、その意味する外延ははっきり画されており、決して内容的に相互に矛盾、背反するものではない。そして北海道海面漁業調整規則においては、その制定の趣旨に鑑みて、総合的な保護培養、漁業調整の必要から、広く巻貝一般を総称するものとして用いられていることは明らかであり、その概念内容があいまいであるとはいえない。したがって、所論の規定が罪刑法定主義に反することは認められないから、所論違憲の主張は失当というべきである。

(総覧続巻二一四頁・時報一二九七号一四九頁)

㈡　岩手県漁業調整規則

四―一―九　現行犯逮捕のため犯人を追跡した者の依頼により追跡を継続した行為を、適法な現行犯逮捕の行為と認めた事例

最高裁一小刑、昭和四八年(あ)第七二二号

〈岩手県漁業調整規則〉

第三十五条　次の表の上欄に掲げる水産動植物は、それぞれ同表下欄に掲

昭五〇・四・三判決、破棄自判
一審　宮古簡裁　二審　仙台高裁
関係条文　漁業法六五条一項、刑法三五条、刑訴法二一二・二一三条、
　岩手県漁業調整規則三五条・六二条

一　あわびの密漁犯人を現行犯逮捕するため約三〇分間密漁船を追跡した者の依頼により約三時間にわたり同船の追跡を継続した行為は、適法な現行犯逮捕の行為と認めることができる。

二　現行犯逮捕をしようとする場合において、現行犯人から抵抗を受けたときは、逮捕をしようとする者は、警察官であると私人であるとを問わず、その際の状況からみて社会通念上逮捕のために必要かつ相当であると認められる限度内の実力を行使することが許され、たとえその実力の行使が刑罰法令に触れることがあるとしても、刑法第三五条により罰せられない。

三　あわびの密漁犯人を現行犯逮捕するため密漁船を追跡中、同船が停船の呼びかけに応じないばかりでなく、三回にわたり追跡する船に突込んで衝突させたり、ロープを流してスクリューにからませようとしたため、抵抗を排除する目的で、密漁船の操舵者の手足を竹竿で叩き突くなどし、全治約一週間を要する右足背部刺創の傷害を負わせた行為は、社会通念上逮捕をするために必要かつ相当な限度内にとどまるものであり、刑法第三五条により罰せられない。

（総覧四八二頁・最高裁刑集二九巻四号一三三頁）

げる期間は、これを採捕してはならない。

名称	禁止期間
ほっきがい	四月一日から七月三一日まで
あわび	三月一日から一〇月三一日まで
ほたてがい	三月一日から七月三一日まで
なまこ	四月一日から七月三一日まで

四―一―一〇　旧岩手県漁業調整規則第四二条但書後段の「釣漁具」の意義

仙台高裁刑、昭和三八年(う)第三〇七号

昭三九・七・一〇判決、破棄自判

一審　盛岡簡裁

関係条文　旧岩手県漁業調整規則四二条

釣竿の穂先に、あゆ鉤を三組つけた釣糸をつけ、これを下流に投入し、アグリをつけ上流に引いてから竿をあげる、いわゆる「がらがけ」の漁法は同規則第四二条後段にいう「釣漁具の使用」に当らない。（総覧四九一頁・仙台高裁速報昭和三九年一〇号五頁）

〈旧岩手県漁業調整規則〉

第四十二条　左に掲ぐる区域内においては、水産動物を採捕してはならない。但し、九月十日から十月十日までに行うあゆがら掛による採捕及び第十三号から第十五号までの区域内における釣漁具の使用による採捕についてはこの限りでない。（以下略）

㈢　茨城県漁業調整規則

四―一―一一　漁業法第六五条及び水産資源保護法第四条が、都道府県知事に対し罰則を制定する権限を賦与したことと憲法第三一条の関係

最高裁二小刑、昭和四八年(あ)第一三六五号

昭四九・一二・二〇判決、棄却

一審　水戸地裁　二審　東京高裁

関係条文　水産資源保護法四条・二五条、茨城県内水面漁業調整規則二七条

憲法第三一条はかならずしも刑罰がすべて法律そのもので定められなければならないとするものではなく、法律の具体的な授権によってそれ以下の法令によって定めることができると解する。

漁業法第六五条及び水産資源保護法第四条は漁業調整又は水産資源の保護培養のため必要があると認める事項に関して、その内容を限定して、罰則を制定する権限を都道府県知事に賦与しているところ、右各規定が憲法第三一条に違反しないことは、明らかである。

（総覧四九三頁・裁判集刑一九四号四二五頁）

㈣　茨城県内水面漁業調整規則

四―一―一二　茨城県内水面漁業調整規則第二七条にいう「採捕」の意義

最高裁三小刑、昭和四五年㈠第九五〇号
昭和四六・一一・一六判決、破棄差戻
一審　水戸簡裁　二審　東京高裁
関係条文　憲法一三条・三一条、漁業法六五条、水産資源保護法四条、
　茨城県内水面漁業調整規則二七条・三七条一項

茨城県内水面漁業調整規則第二七条にいう「禁止用具を用いて採捕してはならない」という場合の「採捕」とは、当該禁止漁具の使用による採捕行為を意味する。

（総覧九一八頁・最高裁刑集二五巻八号九六四頁）

㈤　愛知県漁業調整規則

四―一―一三　愛知県漁業調整規則は、同県の地先海面で、当該知事が取締りの実力を行使することが可能な海面に及ぶ。

〈茨城県内水面漁業調整規則〉

第二十七条　次の各に掲げる漁具又は漁法により水産動植物を採捕してはならない。

(4)　かさねさし網（二枚以上の網地をかさね合わせ、又はからませてする漁具をいう。）

〈愛知県漁業調整規則〉

第三十二条　水産動植物に有害な物を遺棄し、又は漏せつしてはならない。

名古屋地裁刑、昭和四五年(わ)第一四九二号等
昭四七・一二・二五判決(確定)
関係条文　漁業法六五条一項、水産資源保護法四条一項、愛知県漁業調整規則三二条一項、港則法一条、二四条一項、海洋汚染防止法三条・八条

（以下略）

本件規則の適用される場所的範囲は、愛知県地先海面であって、愛知県知事がその取締りの実力を行使することが可能な海面であれば足り、それが公海上であるとの一事をもって右規則の適用を免れ得ないものと解するのが相当である。

（総覧八六七頁・刑裁月報四巻一二号二〇一二頁）

㈥　滋賀県漁業調整規則

四―一―一四　無許可漁業者の漁業は法的保護に価しないとして、その湖水汚濁等を理由とする損害賠償請求が認められなかった事例

大津地裁民、昭和四五年(ワ)第一〇七号
昭五四・八・一三判決、棄却（確定）
関係条文　漁業法六五条、水産資源保護法四条、滋賀県漁業調整規則六条一項八号・六一条一項一号・二項、国家賠償法一条、民法七〇九条

滋賀県漁業調整規則により、犯罪を犯した者として六月以下の懲役もしくは一万円以下の罰金に処せられ、またはこれを併科されることとなるのみな

〈滋賀県漁業調整規則〉
第六条　法第六十六条第一項に規定する漁業のほか、次の各号に掲げる漁業を営もうとする者は、第一号および第二号に掲げる漁業にあつては当該漁業ごとおよび船舶ごとに、第三号から第十三号までに掲げる漁業（以下「その他の漁業」という。）にあつては当該漁業ごとに知事の許

らず、右は犯罪にかかる漁獲物、その製品、漁船及び漁具で犯人が所有するものは、没収することができるものとされているとともに右犯行時犯人所有の右物件で右による没収できないものは、その価額を追徴することができるものとされているのであるから、追さで網漁業の無許可経営をする者が右漁業の経営について有する経営主体としての利益は、法的保護に価するものとみることはできず、したがつて右利益が侵害されたからといつて、そのことだけでただちに右侵害行為が違法のものということはできない。

（総覧続巻二五二頁・時報九四八号九三頁）

可を受けなければならない。ただし、漁業権または入漁権に基づいて漁業を営む場合は、この限りでない。

(8) 追さで網漁業

第六十一条　次の各号のいずれかに該当する者は、六月以下の懲役もしくは十万円以下の罰金に処し、またはこれを併科する。

(1)　第六条、第六条の二、第十四条、第三十四条第一項、第三十五条から第四十条まで、第四十二条、第四十三条、第四十四条、第四十九条、第五十条第一項または第五十二条第六項の規定に違反した者

2　前項の場合においては、犯人が所有し、または所持する漁獲物、その製品、漁船または漁具その他水産動植物の採捕の用に供される物は、没収することができる。ただし、犯人が所有していたこれらの物件の全部または一部を没収することができな

㈦　島根県漁業調整規則

四―一―五　機船手繰網漁業を操業するの意義

広島高裁松江支部刑、昭和四五年(う)第一〇四号

昭四六・九・六判決、破棄自判

一審　松江地裁出雲支部

関係条文　漁業法六五条一項、島根県漁業調整規則四二条・五九条

島根県漁業調整規則第四二条に、いわゆる機船手繰網漁業を操業するとは、海中に繰り入れたロープは漁網に付加されて一体となつているものと認められるので、右ロープを繰り入れたことにより手繰網漁業を操業したと解するのが相当である。

（総覧五一三頁・広島高裁判決速報昭和四六年五号三頁）

㈧　広島県漁業調整規則

四―一―六　広島県漁業調整規則第一五条は、小型まき網漁業の許可の内容をなす漁業種類区分が明確でなく、構成要件が不明確であるなどとして無罪を言い渡した一審判決に対し、同規則は漁業許可の内容となる具体的な定めを広島県作成の「漁業の許認可等の事務

いときは、その価額を追徴することができる。

〈島根県漁業調整規則〉

第四十二条　次の表の上欄に掲げる漁業は、それぞれ同表の下欄に掲げる区域内においては、操業してはならない。ただし、第一種共同漁業若しくは第三種区画漁業を内容とする漁業権又はこれらに係る入漁権に基づいて採捕する場合は、この限りでない。

漁業種類	禁止区域
機船手繰網漁業	（略）

〈広島県漁業調整規則〉

第十五条　漁業の許可を受けた者は、漁業の許可の内容（法第六十六条第一項の規定による漁業並びに第七条

処理要領」に譲っているが、このような規定の仕方をしているからといって、その構成要件が不明確だということはできないとして、原案決を破棄し、自判した事例

広島高裁刑、平成三年(う)第二〇一号

平六・一二・二七判決、破棄自判（被・上告）

一審　広島地裁呉支部

関係条文　広島県漁業調整規則第一五条・六〇条一項一号

広島県漁業調整規則は、漁業許可の内容となる漁業種類等の具体的定めを要領に譲っているが、これを受けて作成された同要領は、漁業種類等を明確に定めているばかりでなく、改正があれば、その都度、その冊子が漁協等の関係機関に配布されるなどして広く漁業関係者に周知する方法が採られてきていること、また、漁業の許可を受けようとするものは、要領に則り自己の求める漁業種類等を許可申請書に記入して知事に提出し、知事から交付される漁業許可証にも許可された漁業種類等が明記されていること、広島県においては、以上のようにして多年にわたり漁業許可の運用がなされ、これに照らすと、漁業を営もうとする者は、規則の定める漁業許可の内容となる漁業種類等がどういうものであるかについてだけでなく、自己が許可を受けた漁業種類等が何であるかを知悉しているつもりであり、したがって、許可を受けて漁業種類等と異なる漁業種類等を行えば、規則第一五条にいう許可された漁業種類等に違反して営んだことになることは十分に判断が可能であるというべきである。してみれば、規則第一五条が前記のような規定の仕方をし

第一号及び第二号に掲げる漁業にあつては、漁業種類（当該漁業を魚種、漁具、漁法等により区分したものをいう。以下同じ。）、船舶の総トン数、推進機関の馬力数、操業区域及び操業期間を、その他の漁業にあつては漁業種類、操業区域及び操業期間をいう、以下同じ。）に違反して当該漁業を営んではならない。

ているからといって、その構成要件が不明確であるということはできない。

（高裁速報平成七年一号一四八頁）

㈨　愛媛県漁業調整規則

四―一―一七　密漁に荒されないで漁業に専念できる利益は、刑法第三六条の「権利」に該当するか。

高松高裁刑、昭和三一年㈠第五九九号

昭和三七・五・一五判決、原判決破棄

一審　松山地裁

関係条文　漁業法六五条一項、愛媛県漁業調整規則三七条・四〇条、

　刑法三六条

一　一本釣漁業者が特定の海面において漁業法の規定する定置漁業権、区画漁業権あるいは共同漁業権等の漁業権を有しなかつたとしても、同海面において操業を禁止されている二艘あるいは一艘ローラー五智網漁業によつて荒されることなく漁業に専念できる利益は、刑法第三六条にいう権利に該当する。

二　密漁業者等が将来も密漁に出ることが予想される場合であつても、その何人が何時何所で如何なる方法で密漁行為に及ぶかが具体的に確定していない情況の下においては、密漁の侵害行為が急迫していたということはできない。またかかる情況の下では、官憲の取締りのみでは違反漁業の絶滅を期し難いとしても、なお実力行為を是認する度に侵害が急迫していたと

〈愛媛県海面漁業調整規則〉

第三十七条　左に掲げる漁業は、営んではならない。

一〜七（略）

八　二そうローラごち網漁業

第四十条　左の表の上欄に掲げる漁業は、それぞれ同表の下欄に掲げる区域内において操業してはならない。

表（略）

は断ぜられない。

（総覧五一四頁・高松高裁速報二二二号五頁）

四―一―一八　県漁業調整規則に基づく知事の中型まき網漁業船舶に対する停泊命令の執行停止を求める申立てが却下された事例

松山地裁民、昭和五四年(行ク)第一号

昭五四・七・九決定（確定）

関係条文　漁業法六五条一項・一三五条の二、愛媛県漁業調整規則五一条、行訴法八条二項二号

一　審査請求を経ないで提起された県漁業調整規則に基づく知事の中型まき網漁業船舶に対する停泊命令の取消しを求める訴えにつき、審査請求を経ていたのでは右命令に係る停泊期間を徒過してしまい司法救済を受けられなくなるおそれが大きいから、行政事件訴訟法第八条第二項第二号にいう「著しい損害を避けるため緊急の必要があるとき」に当たる。

二　県漁業調整規則に基づく知事の中型まき網漁業船舶に対する停泊命令の執行停止を求める申立てが、回復困難な損害の発生についての疎明を欠くのみならず、本案について理由がない。

（総覧続巻二六一頁・訟務二五巻一一号二八四四頁）

㈠　長崎県漁業調整規則

四―一―一九　会社の業務に関し、長崎県漁業調整規則一三条・一四条違反

行為をした従業員の処罰と同規則六三条（両罰規定）適用の要否

福岡高裁刑、昭和六二年(う)第二七五号
昭六二・八・一八判決、一部控訴棄却・一部破棄自判（上告）
一審　長崎地裁厳原支部
関係条文　長崎県漁業調整規則一三条・一四条・六一条・六三条

長崎県漁業調整規則第一三条は「知事は、漁業調整又は水産資源の保護培養のため必要があるときは、漁業の許可又は企業の認可をするにあたり、当該許可又は企業の認可に制限又は条件を付けることがある。」と規定しているところからも明らかなように、同条の違反主体となりうる者は、漁業の許可又は企業の認可を受けた者で、かつ、その許可又は認可に制限又は条件を付されている者である。また、長崎県漁業調整規則第一四条は、「漁業の許可を受けた者は、漁業の許可の内容に違反して当該漁業を営んではならない。」と規定しているので、同条の違反主体となりうる者は、漁業の許可を受けた者でなければならない。そうすると、本件の場合は、共同漁業権漁場内では、事前に漁業権者の書面による同意を得なければ操業してはならないなどの制限または条件の下に中型まき網漁業の許可を受けているのは、被告会社であるから、長崎県漁業調整規則第一三条及び第一四条に違反する本件犯行を行った被告人ら三名は、右各条違反に対する罰則である同規則第六一条第一項第一号及び第二号によって処罰されるのではなく、同規則第六三条に、「法人の代表者または法人若しくは人の代理人、使用人その他の従業員がその法人又は人の業務又は財産に関して第六一条又は前条の違反行為をし

第十三条　知事は、漁業調整又は水産資源の保護培養のため必要があるときは、漁業の許可又は起業の認可をするにあたり、当該許可又は起業の認可に制限又は条件を付けることがある。

第十四条　漁業の許可を受けた者は、漁業の許可の内容（船舶ごとに許可を要する漁業にあっては、漁業種類（当該漁業を魚種、漁具、漁法等により区分したものをいう。以下同じ。）、船舶の総トン数、推進機関の馬力数、操業区域及び操業期間を、その他の漁業にあっては漁業種類、操業区域及び操業期間をいう。以下同じ。）に違反して当該漁業を営んではならない。

第六十三条　法人の代表者又は法人若しくは人の代理人、使用人その他の従業者がその法人又は人の業務又は財産に関して、第六十一条又は前条

と第六一条によつて処罰されることになるのである。

（総覧続巻二六八頁・タイムズ六四七号二一九頁）

㈡　宮崎県漁業調整規則

四―一―二〇　水産動植物の採捕禁止期間中、多数回にわたる不法採捕の罪数

福岡高裁宮崎支部刑、昭和四五年(う)第一二〇号、一二三号、一二八号

昭四六・三・一八判決、破棄自判（確定）

一審　宮崎地裁

関係条文　漁業法六五条、水産資源保護法四条、宮崎県漁業調整規則七条・三五条・五六条

一　宮崎県漁業調整規則第三五条第一項本文第五六条第一項第一号が禁止する採捕行為は、本来的に個々の行為であつて、業態的（集合的）行為ではなく、出漁ごとに「いせえび」を採捕すると同時に既遂の状態に達し、各採捕ごとに一罪を構成する。

二　同規則第三五条第二項における販売行為は、単なる「有償の譲り渡し」を意味するに過ぎないものと解され、各販売行為はその販売のつど、その回数ごとに独立した一罪を構成する。

三　「いせえび」採捕禁止期間中になされた無許可操業と「いせえび」の不

の違反行為をしたときは、行為者を罰するほか、その法人又は人に対し、各本条の罰金刑又は科料刑を科する。

〈**宮崎県漁業調整規則**〉

第七条　漁業法第六六条第一項に規定する漁業のほか次に掲げる漁業を営もうとする者は第一号から第三号までに掲げるものにあつては当該漁業ごと及び船舶ごとにその他の漁業にあつては当該漁業ごとに知事の許可を受けなければならない。ただし、漁業権又は入漁権に基づいて営む場合はこの限りでない。

九　固定式刺網漁業

第三十五条　次の表の上欄に掲げる水産動植物はそれぞれ同表下欄に掲げる期間は、これを採捕してはならない。ただし、第一種共同漁業若しくは第三種区画漁業を内容とする漁業

法採捕とは、その立法趣旨、規制の対象、侵害法益、犯罪の性格、態様並びに構成等を異にするものであるから、これらを純然たる一個の行為であると法的に評価することはできず、両者は併合罪の関係にある。

（総覧五一九頁・高裁刑集二四巻四号二五一頁）

四―一―二　所持が禁止されている「いせえび」を多数回にわたつて買い入れ、同一の「いけす」に混在して所持した場合の罪数

福岡高裁宮崎支部刑、昭和四五年(う)第一一九号、第一二四号

昭四六・三・一八判決、破棄自判

一審　宮崎地裁

関係条文　漁業法六五条、宮崎県漁業調整規則三五条・五六条一項一号

同一「いけす」内における「いせえび」の所持は所持の縁由となつた買受行為が複数で買受先や買受時期を異にし、その数量に時期的に増減があつたとしても、それは終始売却ないしは調理の要に備え確保しておく意図のもとに間断なく継続していてその全一体性が保たれているものと解するのが相当であるから一個の包括一罪を構成する。

（総覧五三二頁・福岡高裁速報昭和四六年一一〇六号一五頁）

権又はこれらに係る入漁権に基づいて種苗として採捕する場合はこの限りでない。

名称	禁止期間
はまぐり	七月一日から九月三〇日まで
てんぐさ	九月一日から翌年二月末日まで
いせえび	四月一五日から八月三一日まで
あゆ	一月一日から五月九日まで

2　前項の規定に違反して採捕した水産動植物又はその製品は所持し又は販売してはならない。

第五十六条　第一項第一号　次の各号の一に該当する者は、六箇月以下の懲役若しくは一万円以下の罰金に処し、又はこれを併科する。

一　第七条、第一五条、第三四条第一項、第三四条の二から第四一条まで、第四二条第一項、第四三条

㈢　宮崎県内水面漁業調整規則

四—一—二二　没収することができる物を刑事訴訟法第一二二条・一二二二条により換価した代金につき、これを没収せずに同額の追徴をした原判決を破棄し、右代金の没収を言い渡した事例

福岡高裁刑、昭和六三年(う)第三五号
昭六三・七・一九判決、破棄自判（確定）
一審　宮崎地裁
関係条文　宮崎県内水面漁業調整規則三六条、刑法一九条、刑訴法一二二条・二二二条

右差押えに係るうなぎは、刑事訴訟法第一二二・第二二二条第一項所定の「没収することができる押収物で保管に不便なもの」として右規定に従い換価処分に付されたものであるから、没収の関係においては法律上被換価物件と同一視すべきものでこれを没収の対象物とすることができるのである（最高裁昭和二五年(あ)第四七七号、同年一〇月二六日決定、刑集四巻一〇号二一七〇頁参照）。

したがって、本件においては、被換価物件である前記うなぎの換価代金は、宮崎県内水面漁業調整規則第三六条第二項によりこれを没収すべきものであ

又は第四五条第六項の規定に違反した者

〈宮崎県内水面漁業調整規則〉

第三十六条　次の各号の一に該当する者は、六月以下の懲役若しくは十万円以下の罰金に処し、又はこれを併科する。

一　第六条、第十三条、第二十四条第一項、第二十五条第一項若しくは第七項、第二十六条から第三十二条まで、又は第三十三条第七項の規定に違反した者

二　第十二条、第二十二条第一項、第二十五条第五項（同条第九項において準用する場合を含む。）又は第三十三条第五項（同条第九項において準用する場合を含む。）の規定により付けられた制限又は

つて、同金額を追徴すべきものではないから、右と異なり、右換価代金を没収することなくこれと同金額を追徴する措置に出た原判決には、規則第三六条第二項の適用を誤つた違法があり、これが判決に影響を及ぼすことは明らかであるから、原判決は破棄は免れない。（総覧続巻二七四頁・時報一二九四号一四三頁）

㈢　大分県漁業調整規則

四―一―二三　漁業種類を「いわし・あじ・さばまき網漁業」とした知事の中型まき網漁業許可証と魚種の制限

最高裁三小刑、平成五年(う)第一九号

平八・三・一九決定、上告棄却

一審　大分地裁　二審　福岡高裁

条件に違反した者

三　第二十二条第一項の規定による採捕の停止の命令に違反した者

四　第二十四条第二項の規定による命令に違反した者

2　前項の場合においては、犯人が所有し、又は所持する漁獲物、その製品又は漁船若しくは漁具その他の水産動植物の採捕の用に供される物は、没収することができる。ただし、犯人が所有していたこれらの物件の全部又は一部を没収することができないときは、その価額を追徴することができる。

〈大分県漁業調整規則〉

（許可の内容に違反する操業の禁止）

第十五条　漁業の許可を受けた者は、漁業の許可の内容（船舶ごとに許可を要する漁業にあつては漁業種類

関係条文　漁業法六五条一項・六六条一項、大分県漁業調整規則一五条・六〇条一項一号

中型まき網漁業許可証の「漁業種類」欄にも「いわし・あじ・さばまき網漁業」と明示されていたというのであるから、漁業法第六六条第一項、第六五条第一項による大分県知事の右中型まき網漁業許可は、いわし、あじ、さばを目的として採捕することに限定されたものであつて、それ以外の魚種を目的として採捕することは禁止されていたと解すべきである。したがつて、右許可以外の魚種であるいさきを目的として採捕した被告人らの行為は、許可の内容である魚種等により区分された漁業種類に違反する操業を禁止した大分県漁業調整規則第一五条に違反することが明かである。

（総覧続巻二六七頁・「時報」一五六七号一四四頁）

四―一―二四　大分県漁業調整規則第一五条の規定する漁業許可は、採捕できる魚種を制限したものと解されるか否か

福岡高裁刑、平成六年(う)第五五号
平八・一〇・三〇判決、原判決破棄（上告）
一審　大分地裁
関係条文　大分県漁業調整規則一五条、漁業法六五条一項・六六条一項

大分県漁業調整規則第五条に基づく「漁獲物の種類」を「イワシ・あじ・又はさば」とした中型まき網漁業許可は、これらの魚種を目的として採捕す

（当該漁業を魚種、漁具、漁法等により区分したものをいう。以下同じ。）、船舶の総トン数、推進機関の馬力数、操業区域及び操業期間を、その他の漁業にあつては漁業種類、操業区域及び操業期間をいう。以下同じ。）に違反して当該漁業を営んではならない。

るものに限定されており、それ以外の魚種を目的として採捕することを禁止しているものと認められる。

（高裁速報一三九七号一九二頁）

㈣　山形県漁業取締規則

四―一―二五　山形県漁業取締規則第二一条に基づく水産動植物採捕許可処分の性質と同許可更新拒否の適否

山形地裁民、昭和二五年(行)第五号

昭二八・九・二一判決、棄却

関係条文　旧漁業法施行規則四五条、旧漁業法三五条（現六五条）、山形県漁業取締規則（明治五年県令二九号）二一条・二二条

地方長官は、水産動植物の繁殖保護又は漁業取締のため主務大臣の認可を得て水産動植物の採捕に関する制限又は禁止の命令を発しうる旨の旧漁業法第三五条及び右命令は繁殖、学術研究その他特別の理由により行政官庁の許可を受けた場合は適用しないものとする同法施行規則第四五条に基づき、県漁業取締規則によって禁漁区とした河川につき水産動植物採捕を許可する行為は、いわゆるき束処分にあたるけれども、県の漁業政策の根本的改革を図るため一時許可件数を制限することとし、一度許可条件に合致するものとして前記許可を与えた者に対しても、引き続き許可の更新をなさないような措置をとることは、その法規の精神に従い適正な漁業政策を実施するために許

〈山形県漁業取締規則〉

第二十一条　養殖、学術研究その他特別の理由により本則中制限又は禁止したる水産動物を捕獲し又は禁止期間及び区域内において又は制限若しくは禁止したる漁具、漁法により水産動物を捕獲せんとする者は願書に左の事項を記載し知事の許可を受くべし。但し、知事において必要ありと認むるときは、特にその方法を指定することあるべし。

一　捕獲の目的

二　捕獲すべき水産動物の種類

三　捕獲漁場の区域

四　捕獲漁場の時期

五　捕獲の方法（制限又は禁止した

可権者に当然許される裁量に属するものと解すべきである。

（総覧五三四頁・下裁民集四巻三号二〇〇頁）

㊄　和歌山県漁業取締規則

四―一―二六　和歌山県漁業取締規則の効力は、当該知事が従来取締り並びに監督を行つてきた海面に及ぶ。

大審院刑、昭和一二年(れ)第一八六七号

昭一二・一二・二判決、棄却

一審　下田区裁　二審　静岡地裁

関係条文　旧漁業法三四条（現六五条）、和歌山県漁業取締規則一条

和歌山県漁業取締規則の効力は、同県知事が従来取締りならびに監督を行つてきた海面に及ぶものと解する。

（総覧五三七頁・刑集一六巻一五三〇頁）

㈥　徳島県漁業取締規則

四―一―二七　許可を受けた操業区域外における漁業は、無許可操業である。

大審院刑、昭和八年(れ)第一八四二号

昭五・二・二二判決、棄却

る漁具、漁法により、捕獲せんとするときはその漁具、漁法）

第二十二条　左に掲げる河川の区域を禁漁区とし下記の期間水産動物の捕獲を禁ず。（以下略）

〈和歌山県漁業取締規則〉

第一条　左ニ掲クル漁業ヲ為サントスル者ハ知事ノ許可ヲ受クヘシ但シ専用漁業権又ハ入漁権ニ依リテ漁業ヲ為ス場合ハ此限ニ在ラス（以下略）

〈徳島県漁業取締規則〉

第三条　左ニ掲クル漁業ヲ知事ノ許可ヲ受クルニ非サレハ之ヲ為スコトヲ

一審　徳島区裁　二審　徳島地裁
関係条文　旧漁業法三四条（現六五条）、徳島県漁業取締規則三条・四条・六条・三三条

漁業の許可を受けた漁業者が、許可の内容の操業区域以外で漁業をなしたるときは、無許可操業に該当する。

（総覧五四二頁・刑集一三巻三号一四九頁）

㈦　香川県漁業取締規則

四―一―二八　香川県漁業取締規則第二六条にいう漁具を使用したる者の意義

大審院刑、大正九年㈣第五二三号
大九・四・二八判決、棄却
関係条文　旧漁業法三四条（現六五条）、香川県漁業取締規則二六条

得ス但シ第二十二号ノ漁業ニシテ動力付漁船ヲ用フル場合ヲ除クノ外専用漁業権又ハ入漁権ニ依リテ為ス場合ハ此限ニ在ラス

（以下略）

第四条　漁業許可ノ願書ニハ左ノ事項ヲ記載スヘシ

一　漁業ノ名称
二　漁業ノ方法
三　漁業ノ場所
四　漁獲物ノ種類
五　漁業ノ時期
六　許可期間

（以下略）

香川県漁業取締規則第二六条にいわゆる漁具を使用したる者とは、漁具を使用したる一切の人を包含するものであつて、漁具使用に因り利益の帰属すべき者のみに限るべきものではない。

（総覧五四五頁・新聞一七〇七号二二頁）

㈥　福岡県漁業取締規則

四―一―二九　禁止漁具、漁法による水産動植物の採捕の意味

大審院刑、大正六年(れ)第一八九二号

大六・九・二七判決、棄却

一審　柳川区裁　　二審　福岡地裁

関係条文　旧漁業法三四条（現六五条）、福岡県漁業取締規則二四条

いやしくも禁止の網を使用して一定の漁獲行為に着手した以上は、魚類を捕獲すると否とを問わないのは勿論、捕獲し得べき時機に達しなくとも、福岡県漁業取締規則違犯罪は完成したものであつて、未遂をもつて論ずべきものではない。

（総覧五四六頁・刑録二三輯一九号一〇二〇頁）

〈福岡県漁業取締規則〉

第二十四条　左ニ掲クル漁具又ハ漁法ニ依リ水産動植物ヲ採捕スルコトヲ得ス

一　瀉羽瀬

二　壚漬

三　水中ニ電流ヲ通シテ為ス漁法

四　網目三糎ノ建干網（建切網ヲ含ム）

（以下略）

二　農林（水産）省令関係

㈠　中型機船底曳網漁業取締規則

（昭和九年七月二五日農林省令第二〇号、昭和二七年三月一〇日農林省令第七号による改正前は「機船底網曳漁業取締規則」、昭和三八年一月二二日農林省令第五号にて廃止）

1　中型機船底曳網漁業の定義

四—一—三〇　中型機船底曳網漁業取締規則違反の犯罪事実の判示には、同規則にいう底曳網に該当するものであることを現わす具体的な説明を要する。

仙台高裁刑

昭二五・四・二二判決、破棄差戻

一審　青森簡裁

関係条文　旧漁業法一条（現二条）・三五条（現五二条）、機船底曳網漁業取締規則（昭和九年農林省令二〇号）一条

判決にある網が当該規則にいうところの底曳網に該当するものであることを表わすには、判示事実又はその証拠説明中に手繰網その他右規則にいう底曳網に該当する一定の構造用法を表現するに足る特定の名称を用いるか、または特にその構造用法等を叙述しなければならない筋合であつて、もし、か

〈中型機船底曳網漁業取締規則〉

第一条　中型機船底曳網漁業トハトロール漁業（以西トロール漁業ヲ含ミ網口開口板ヲ使用シテ為ス漁業ヲ除ク）及以西機船底曳網漁業ヲ除クノ外螺旋推進器ヲ備フル総トン数十五トン以上ノ船舶ニ依リ手繰網、打瀬網其ノ他ノ底曳網ヲ使用シテ為ス漁業ヲ謂フ

（註）　昭和二七年の省令改正時において「機船底曳網漁業」の名称を「中型機船底曳網漁業」

くの如き叙述説明を欠くならば、犯罪事実の具体的な説明を欠き、その判決は理由不備の瑕疵を存することとなるものといわなければならない。

（総覧五五二頁・高裁刑特報七三号一二九頁）

2　中型機船底曳網漁業の許可

四―一―三一　中型機船底曳網漁業を営むの意義

福岡高裁刑、昭和二八年(う)第一一一三号

昭二八・六・二六判決、棄却

一審　大分地裁

関係条文　旧漁業法一条（現二条）・三五条（現五二条）、機船底曳網漁業取締規則（昭和九年農林省令二〇号）一条・二七条

漁獲の目的をもつて底曳網を海底に下しこれを曳引した以上、漁獲の有無に拘らず機船底曳網漁業取締規則にいわゆる漁業をなしたものと解する。

（総覧五五三頁）

四―一―三二　行政権に対する司法権の機能

高松高裁民、昭和二五年(ネ)第七九号

昭二六・一・一六判決、棄却

一審　松山地裁

関係条文　憲法六五条・七六条一項・四一条、裁判所法三条一項、船舶法五条一項・二項、機船底曳網漁業取締規則（昭和九年

に改められた。

〈中型機船底曳網漁業取締規則〉

第一条ノ二　中型機船底曳網漁業ノ許可ヲ受クルニ非ザレバ之ヲ営ムコトヲ得ズ

農林省令二〇号）一条ノ二・二条・四条

裁判所が行政庁に代りある行政処分をしたと同様の効果を生ずる判決をしたり、行政庁に処分を命じたりすることは、ひつきよう裁判所が行政権を行使しあるいは行政庁を監督する結果となるので三権分立の原則に反するから許されない。

このことは、たとえ行政庁がある行政処分をすることを約したとしてもその結論を異にすべきではなく、かかる場合でも三権分立の精神に照らし現実具体的に行政処分をなすや否やは、当該行政庁の権限に専属するものというべきである。

（総覧五五六頁・高裁民集四巻一一頁）

3　禁止区域内における操業の禁止

四―一―三三　機船底曳網漁業を営むの意義

最高裁二小刑、昭和二八年㈠第一七一五号

昭三〇・六・二二判決、棄却

一審　大分地裁　二審　福岡高裁

中型機船底曳網漁業取締規則八条

中型機船底曳網漁業取締規則第八条にいわゆる機船底曳網漁業を営むとは、同漁業が現実に開始されることをもつて足り、漁獲の事実を必要としない。

（総覧五五九頁・最高裁刑集九巻七号一一七二頁）

〈中型機船底曳網漁業取締規則〉

第八条　中型機船底曳網漁業ハ農林大臣ノ告示シタル禁止区域内ニ於テハ之ヲ営ムコトヲ得ズ

四—一—三四　行政上の名義人（中型機船底曳網漁業の許可を受けた者）は、その使用人のなした罰則該当行為につき、行政罰を受けるか。

東京地裁、昭和二八年(行)第一八号
昭二八・五・二七判決、棄却
中型機船底曳網漁業取締規則八条

一　中型機船底曳網漁業取締規則第八条の規定は、魚族の保護、漁業の調整という目的の達成を阻害するおそれのある行為として、底曳網漁業禁止区域内における中型機船底曳網漁業の操業を禁止する趣旨と解すべきであるから、右禁止区域内において漁ろうの目的で漁網を海中に張つた行為は、現実に漁獲があつたかどうかを問わず、同条に違反するものと解すべきである。

二　行政罰の目的は、行政上の秩序を破壊する行為を防止するにあるのであり、行政上の秩序遵守の義務は、行政上ある行為を許された名義人（本件では、中型機船底曳網漁業の許可を受けた者）が自己の責任において負うものであるから、右の名義人がその許された行為を使用人によつて行う場合に、その使用人が行政上の秩序を破壊する行為をしたときは、明文の規定をまつまでもなく、右名義人において義務違反に対する行政罰を受けるべきものである。

（総覧五六三頁・行政集四巻五号一二六二頁）

四—一—三五　機船底曳網漁業取締規則第八条にいう漁業を営んだものの意

福岡高裁刑、昭和二七年(う)第五七六号

昭二七・六・五判決、棄却

一審　大分地裁

関係条文　機船底曳網漁業取締規則（昭和九年農林省令二〇号）八条

水産動植物採捕の目的をもつて機船底曳網漁業用の機船二隻を使用し、同両船により、同漁業用の漁網を海底に卸した上、現にこれが曳引を開始した以上、たとえ漁獲の事実がなく、あるいは、機船への漁網の引揚若しくは、所期の目的地点までの漁網曳引の事実がなくとも機船底曳網漁業取締規則第八条にいう機船底曳網漁業を営んだものに該当する。

（総覧五六七頁・高裁刑集一九巻九九頁）

4　許可内容等に違反する操業の禁止

四―一―三六　中型機船底曳網漁業許可証記載文言の解釈

最高裁一小刑、昭和三〇年(あ)第九一五号

昭三二・一・三一判決、破棄差戻

一審　長崎地裁武生水支部　二審　福岡高裁

関係条文　中型機船底曳網漁業取締規則一一条・二七条

中型機船底曳網漁業について農林大臣の許可した操業区域として、許可証に、東経一三〇度の線と最大高潮時海岸線上兵庫県京都府界から正北の線との両線間における山口県、島根県、鳥取県及び兵庫県沖合海面と記載されて

〈中型機船底曳網漁業取締規則〉

第十一条　中型機船底曳網漁業ハ許可ヲ受ケタル漁業名称、操業区域其ノ他許可証ニ記載シタル条件若ハ制限又ハ第二十一条ノ規定ニ依ル制限若ハ停止ノ処分ニ違反シテ之ヲ営ムコトヲ得ズ

いる場合、右山口県、島根県、鳥取県及び兵庫県沖合海面とあるのは、広く前記両線間における一切の日本海海面中その海面に接する各県の沖合海面を指し、前記各県名は、その沖合を示す都合上一応の例示に過ぎないもので、これに限定する趣旨でないものと解するを相当とする。

（総覧五六八頁・最高裁刑集一一巻一号四六四頁）

5　停泊処分

四―一―三七　中型機船底曳網漁業取締規則違反に対する行政処分の執行停止の申請が認容された事例

東京地裁、昭和二五年(行モ)第二一号

昭二五・一〇・一六決定、認容

関係条文　中型機船底曳網漁業取締規則一一条・二三条

取締規則第一一条、第二一条及び第二三条に基づき農林大臣がした漁業許可一時停止及び一時停泊を命ずる処分の執行について、申立人の申立を相当と認め、処分の執行を停止する。

（総覧五七三頁・行政集一巻五号七九二頁）

〈中型機船底曳網漁業取締規則〉

第二十三条　農林大臣中型機船底曳網漁業ノ許可ニ係ル船舶ニ付合理的ニ判断シテ漁業ニ関スル法令ノ規定又ハ之等ノ規定ニ基ク処分ニ違反スル事実アリト認ムル場合ニ於テ漁業取締上必要アルトキハ当該許可ヲ受ケタル者ニ対シ碇泊港及碇泊期間ヲ指定シテ当該船舶（当該許可ヲ受ケタル者当該船舶ニ付当該漁業ヲ廃止シ他ノ船舶ニ付当該許可ヲ受ケタルトキハ其ノ船舶）ノ碇泊ヲ命ズルコトヲ得　漁業法（昭和二十四年法律第二百六十七号以下「法」と謂フ）第

6 停船命令

四―一―三八 漁業監督公務員の停船命令の授権法規及び追跡権の効力

最高裁一小刑、昭和三八年(あ)第三一二二号
昭四〇・五・二〇判決、棄却
一審 長崎地裁 二審 福岡高裁
関係条文 憲法三一条・三三条・三五条、漁業法六五条・七四条、水産資源保護法四条、中型機船底曳網漁業取締規則二六条・二八条

一 停船命令規定並びにその罰則規定は、漁業法第六五条第一項ないし第三

百三十四条第一項ノ規定ニ依ル検査ヲ行ハシムルトキ亦同ジ
農林大臣前項前段ノ規定ニ依ル処分ヲ為サントスルトキハ当該処分ノ相手方ニ対シ期日、場所及処分ノ原因タル事由ヲ通知シテ公開ニヨル聴聞ヲ行ヒ其ノ者又ハ其ノ代理人ガ証拠ヲ呈示シ意見ヲ陳述スル機会ヲ与フベシ
第一項後段ノ規定ニ依ル碇泊期間ハ十日以内トス

〈中型機船底曳網漁業取締規則〉

第二十六条 法第七十四条ノ規定ニ依リ漁業監督ノ権限ヲ有スル者左ニ掲グル信号ヲ為シタルトキハ中型機船底曳網漁船ハ直ニ停船スベシ
一 昼間ニ在リテハ様式第五号ニ依ル停船信号ヲ掲ゲ且約一秒時ノ間隙ヲ以テ汽角、汽笛其ノ他ノ音響

項及び水産資源保護法第四条第一項ないし第三項の委任により定められたものであるから違憲ではない。

二　漁業監督吏員が管轄海域から追跡中継続して発した停船命令は、管轄外海域にあつても適法である。

（総覧五七五頁・裁判集刑一五五号六八一頁）

7　漁獲物等の没収

四―一―三九　第三者所有物件没収の意義

最高裁大刑、昭和二九年(あ)第三六五五号

昭三五・一〇・一九・判決、棄却

一審　広島地裁　　二審　広島高裁

関係条文　憲法二九条・三一条・三二条、漁業法六五条、水産資源保護法四条、中型機船底曳網漁業取締規則八条・二七条

第三者の所有にかかる物件につき没収の言渡しがあつたからといつて、被告人においてこれを違憲無効であると主張抗争することは許されない。

（備考）　後掲の昭三七・一一・三〇最高裁判決で、本判決を否定してい

器ニ依リ長声一発短声四発ヲ連発ス

二　夜間ニ在リテハ約一秒時ノ間隙ヲ以テ内光ニ依リ長光一閃短光四閃ヲ連閃シ且前号ト同様ノ音響信号ヲ為ス

前項ニ於テ長声又ハ長光トハ約四秒乃至六秒時ノ発声又ハ閃光ヲ謂ヒ短声又ハ短光トハ約一秒時ノ発声又ハ閃光ヲ謂フ

〈中型機船底曳網漁業取締規則〉

第二十七条　第一条ノ二、第八条、第九条第一項、第十条第一項若ハ第二項、第十一条、第十二条若ハ第十三条ノ規定ニ違反シタル者又ハ第二十五条ノ二第一項ノ規定ニ依ル碇泊命令若ハ第二十五条ノ三ノ規定ニ依ル命令ニ従ハザル者ハ二年以下ノ懲役若ハ五万円以下ノ罰金ニ処シ又ハ之

る。

（総覧五九二頁・裁判集刑一三五号五九五頁）

四―一―四〇　第三者の所有物を没収することは、憲法第三一条、第二九条に違反するか。

最高裁大刑、昭和三〇年(あ)第二九六一号

昭三七・一一・二八判決、破棄自判

一審　福岡地裁（小倉支部）　二審　福岡高裁

関係条文　憲法三一九条・三一条　関税法一一八条、中型機船底曳網漁業取締規則八条・二七条

一　関税法第一一八条第一項の規定により第三者の所有物を没収することは、憲法第三一条、第二九条に違反する。

二　前項の場合、没収の言渡しを受けた被告人は、たとえ第三者の所有物に関する場合であつても、これを違憲であるとして上告をすることができる。

三　昭和二九年(あ)第三六五五号の判例は、変更するを相当と認める。

（総覧五九八頁・最高裁刑集一六巻一一号一五九三頁）

四―一―四一　機船底曳網漁業取締規則第二七条の併科規定の効力

札幌高裁刑、昭和二五年(う)第四〇三号

昭二五・一一・八判決、破棄差戻

一審　旭川地裁留萌支部

ヲ併科ス

前項ノ場合ニ於テ犯人ノ所有シ又ハ所持スル漁獲物、製品、漁船及漁具ハ之ヲ没収スルコトヲ得但シ犯人ノ所有シタル前記物件ノ全部又ハ一部ヲ没収スルコト能ハザルトキハ其ノ価額ヲ追徴スルコトヲ得

関係条文　憲法三一条、機船底曳網漁業取締規則第二七条（中型機船底曳網漁業取締規則第二七条）

改正規則第二七条第一項は新漁業法第六五条第二項に基づく罰則であることがわかる。そうするとその規定し得る罰則の種類、範囲は同条第三項に定められているのであるが同条第三項には「前項の罰則に規定することができる罰は省令であつて、二年以下の懲役、五万円以下の罰金、勾留又は科料、規則にあつては、六箇月以下の懲役、一万円以下の罰金、勾留又は科料とする。」とあつてその定めた刑罰を「及び」でなく「又は」で一括しているから所定刑を選択刑として規定することが出来るという趣旨で之を併科することが出来るという意味は含まれていないのである。然るところこの罰則について所定刑を併科出来るということは他に新漁業法にもその他の法律にも何等規定がないし、又法律以外にその根拠となるものもないのであるから、改正規則第二七条第一項は新漁業法第三項で定めた範囲を越えて所定刑を併科することが出来ない訳であるが、同条項は「第一条ノ二、第八条、第九条第一項、第一一条、第一二条若ハ第一五条ノ規定ニ違反シタル者又ハ第二五条ノ二第一項ノ規定ニヨル碇泊命令若ハ第二五条ノ三ノ規定ニ依ル命令ニ従ハザル者ハ二年以下ノ懲役若ハ五万円以下ノ罰金ニ処シ又ハ之ヲ併科ス」と規定し懲役と罰金を併科することを規定しているのであるから、この併科に関する部分は法律による委任の範囲を越えたもので結局憲法第三一条に違反し憲法第九八条第一項により効力を有しないので適用し得ないものと言うべく、従って適用し得ないこの併科規定を適用した原判決は法令の適用を誤つ

たことに帰する。　（高裁刑集三巻四号五四九頁）

8　両罰規定

四―一―四二　いわゆる両罰規定の意義

福岡高裁宮崎支部、昭和二八年(う)第一九四号

昭二八・七・八判決、棄却

一審　大分地裁佐伯支部

関係条文　中型機船底曳網漁業取締規則三一条

いわゆる両罰規定は決して他人の行為に対する責任ではなく、また故意過失の有無を問わず処罰することを定めたものでないから刑法総則の規定と矛盾するところはない。（総覧六一四頁・高裁刑特報二六号一一二頁）

(二)　機船底曳網漁業取締規則（大正一〇年九月二二日農商務省令第三一号　昭和七年一二月一日農林省令第三六号改正　昭和九年七月二五日農林省令第二〇号にて廃止）

1　機船底曳網漁業の定義

〈中型機船底曳網漁業取締規則〉

第三十一条　法人ノ代表者又ハ法人若ハ人ノ代理人、使用人其ノ他ノ従業者其ノ法人又ハ人ノ業務又ハ財産ニ関シ第二十七条第一項、第二十八条乃至前条ノ違反行為ヲ為シタルトキハ行為者ヲ罰スルノ外其ノ法人又ハ人ニ対シ各本条ノ罰金ヲ科ス

四―一―四三　機船底曳網漁業の定義

大審院刑、昭和七年(れ)第三六五号

昭八・三・六判決、破棄自判

一審　鰺ケ沢区裁　　二審　青森地裁

関係条文　機船底曳網漁業取締規則一条

機船底曳網漁業取締規則第一条にいう機船底曳網漁業とは、海底に漁網を曳いて底棲魚介類を捕えこれを船舶内に繰り込む方法により操作をする漁業を指すものである。

（総覧六一五頁・刑集一二巻一七九頁）

四―一―四四　桁曳網を使用する漁業は、機船底曳網漁業取締規則にいう機船底曳網漁業に該当する。

大審院刑、大正一三年(れ)第一六二九号

大一三・一〇・二二判決、棄却

一審　松江区域　　二審　松江地裁

関係条文　機船底曳網漁業取締規則一条

螺旋推進器を備える発動機船に取り付けた桁曳網を使用して漁業をなすものは大正一〇年農商務省令第三一号機船底曳網漁業取締規則にいわゆる機船底曳網漁業に該当するものと解する。

（総覧六一七頁・刑集三巻一一号七五一頁）

〈機船底曳網漁業取締規則〉

第一条　本則ニ於テ機船底曳網漁業ト称スルハ汽船「トロール」漁業及農林大臣ノ指定スル漁業ヲ除クノ外螺旋推進器ヲ備フル船舶ニ依リ手繰網打瀬網其ノ他ノ底曳網ヲ使用シテ為ス漁業ヲ謂フ

前項ノ規定ニ依リ指定シタル漁業ノ名称ハ之ヲ告示ス

〈改正前の第一条〉

第一条　本則ニ於テ機船底曳網漁業ト称スルハ汽船「トロール」漁業ヲ除ク外螺旋推進器ヲ備フル船舶ニ依リ手繰網打瀬網其ノ他ノ底曳網ヲ使用シテ為ス漁業ヲ謂フ

四―一―四五　船舶により底曳網を使用して行う漁業であつて、たとえ漁場の往復のみに螺旋推進器を使用するものであつても機船底曳網漁業に該当する。

大審院刑、昭和五年(れ)第八一号
昭五・三・一四判決、棄却
一審　徳島区域　二審　徳島地裁
関係条文　機船底曳網漁業取締規則一条・二条・一八条

機船底曳網漁業取締規則第一条は、いやしくも螺旋推進器を備えた船舶により手繰網、打瀬網その他の底曳網を使用して漁業をなす以上、右底曳網を引曳するため螺旋推進器を使用して漁業をなすと螺旋推進器は唯単に漁場往復の航行に使用するのに止まり、操業に際してはこれを取外し又はこれを使用せず風力又は人力により底曳網を引曳して漁業をなすとを問わず、総てこれらを機船底曳網漁業と解する。

（総覧六一八頁・刑集九巻六二二頁）

四―一―四六　地漕網を使用する漁業は、いわゆる機船底曳網漁業に該当しない。

大審院刑、昭和八年(そ)第一号
昭八・七・六判決、破棄自判
原略式命令裁　鯵ケ沢区裁
関係条文　機船底曳網漁業取締規則一条・二条

一　許可を受けないで業として螺旋推進器を備えた石油発動機船により地漕網を使用し魚類を採捕した行為を、機船底曳網漁業取締規則（改正前）第二条第一項に問擬したのは法令に違反するものである。

二　非常上告は確定判決と同一の効力を生じた略式命令に対してもこれをなすことを得るものである。

（総覧六二〇頁・刑集一二巻一一〇六頁）

四―一―四七　一トン内外の小船といえども機船底曳網漁業取締規則第一条に規定する船舶に該当する。

大審院刑、昭和六年(れ)第一二四九号

昭六・一二・一〇判決、棄却

一審　福岡区裁　　二審　福岡地裁

関係条文　機船底曳網漁業取締規則一条・二条、船舶法二条・三条・二〇条

螺旋推進器を備え底曳網を使用するに耐える以上は、一トン内外の小舟といえども機船底曳網漁業取締規則第一条にいわゆる船舶に該当する。

（総覧六二三頁・刑集一〇巻七二五頁）

2　機船底曳網漁業の許可

四―一―四八　許可船舶と無許可船舶とを使用して二そう曳底曳網漁業を営む場合は、いずれも無許可漁業に該当する。

〈機船底曳網漁業取締規則〉

第二条　機船底曳網漁業ハ農林大臣ノ

大審院刑、昭和九年(れ)第二七八号

昭九・四・二六判決、破棄自判

一審　長崎区裁　二審　長崎地裁

関係条文　機船底曳網漁業取締規則二条・三条・七条・一八条・一九条一号・二号

許可を受けない船舶と許可を受けた船舶とを連結使用し二そう曳機船底曳網漁業をする行為は、その全部を不可分的に無許可漁業をもって論ずべきものである。

(総覧六二六頁・刑集一三巻五四〇頁)

四―一―四九　一隻の船舶を使用して数人共同して漁業を営む場合には、各自許可を受けることを要する。

大審院刑、昭和六年(れ)第四八九号

昭六・五・二八判決、棄却

一審　高知区裁　二審　高知地裁

関係条文　機船底曳網漁業取締規則(改正前)二条

数人共同して機船底曳網漁業をなす場合においては、その全員が地方長官の許可を受けることを要する。

(総覧六二八頁・刑集一〇巻二四六頁)

四―一―五〇　機船底曳網漁業取締規則の効力は、わが国の領海外にも及ぶ。

許可ヲ受クルニ非ザレバ之ヲ営ムコトヲ得ズ

〈改正前の第二条〉

第二条　機船底曳網漁業ハ其ノ漁業根拠地ヲ管轄スル地方長官ノ許可ヲ受クルニ非サレハ之ヲ営ムコトヲ得ス

大審院刑、昭和七年(れ)第五九七号
昭七・七・二一判決、棄却
一審　福江区裁　　二審　長崎地裁
関係条文　機船底曳網漁業取締規則（改正前）二条・一八条、漁業法三条・四条

一　機船底曳網漁業取締規則は、わが国に船籍を有する機船によりわが国の領海外において底曳網漁業をなす者に対しても適用される。

二　機船底曳網漁業取締規則第一八条による犯行により漁獲物を没収することができないため、その価額を追徴する場合において、その追徴は没収をすることができなくなつた時及び場所における漁獲物の価額を標準とすべきである。

（総覧六二九頁・刑集一一巻一一二三頁）

四―一―五一　機船底曳網漁業は、船舶ごとに許可を受けなければならない。

大審院、昭和三年(れ)第五六四号
昭三・五・二二判決、棄却
一審　宇和島区裁　　二審　松山地裁
関係条文　機船底曳網漁業取締規則二条・三条・六条

機船底曳網漁業において許可以外の船舶を使用する場合には、さらにその船舶ごとに許可を受けなければならない。

（総覧六三一頁・刑集七巻三七一頁）

3　禁止区域

四—一—五二　機船底曳網漁業を営むの意義

大審院刑、昭和八年(れ)第一三八六号
昭八・一一・二〇判決、棄却
一審　高知区裁　二審　高知地裁
関係条文　機船底曳網漁業取締規則一条・七条

水産動植物採捕の目的をもって手繰網その他の底曳網を海底に下しこれを曳引した以上は、漁獲の有無は勿論、底曳網を機船に引揚たか否かを問わず、機船底曳網漁業取締規則にいわゆる漁業をなしたものに該当する。

（総覧六三二頁・刑集一二巻二〇六頁）

四—一—五三　機船底曳網漁業禁止区域内の公海における操業と犯罪の成立

大審院刑、昭和四年(れ)第四九二号
昭四・六・一七判決、棄却
一審　山田区裁　二審　安濃津地裁
関係条文　刑訴法一条、刑法一条・八条、機船底曳網漁業取締規則七条・一九条

機船底曳網漁業をなすわが国船舶の船長代理が機船底曳網漁業禁止区域内の一部において操業したときは、たとえその部分が公海に属しても機船底曳網漁業取締規則第一九条第一項第二号の犯罪を構成する。

〈機船底曳網漁業取締規則〉

第七条　機船底曳網漁業ハ農林大臣ノ告示シタル禁止区域内ニ於テハ之ヲ営ムコトヲ得ス

（総覧六三四頁・刑集八巻三七一頁）

四—一—五四　機船底曳網漁業禁止区域に関する告示と証拠調

大審院刑、昭和四年(れ)第二九号

昭五・二・二八判決、棄却

一審　宮崎区裁　　二審　宮崎地裁

関係条文　機船底曳網漁業取締規則七条

機船底曳網漁業禁止区域を定めた農商務省告示は証拠調の手続をなす必要はなく、これを判決中に引用することができるものと解する。

（総覧六三六頁・刑集九号一一二頁）

4　漁獲物等の没収及び追徴

四—一—五五　追徴すべき漁獲物価額の認定の方法

大審院刑、大正一二年(れ)第一六六三号

大一三・一・二一判決、棄却

一審　舞鶴区裁　　二審　京都地裁

関係条文　機船底曳網漁業取締規則二条・一八条

機船底曳網漁業取締規則第一八条により追徴すべき漁獲物の価額は犯人が当該漁獲物を償却した代金によりこれを認定しても違法ではない。

（総覧六三八頁・刑集三巻一号一一頁）

〈機船底曳網漁業取締規則〉

第十八条　第二条第一項ノ規定ニ違反シタル者ハ三月以下ノ懲役又ハ百円以下ノ罰金ニ処シ犯人ノ所有シ又ハ所持スル漁具及漁獲物ハ之ヲ没収ス若シ犯人ノ所有シタル前記ノ物件ノ全部又ハ一部ヲ没収スルコト能ハサルトキハ其ノ価額ヲ追徴ス

四―一―五六　追徴すべき漁獲物の価額算定の時と場所の標準

大審院刑、昭和七年(れ)第五九七号

昭七・七・二一判決、棄却

一審　福江区裁　二審　長崎地裁

関係条文　機船底曳網漁業取締規則二・一八条、漁業法三条・四条

機船底曳網漁業取締規則第一八条による犯行により漁獲物の価額追徴の規定を設けたのは、元来当該漁獲物はこれを没収すべきものであるが、それを没収することができない場合においては、没収に代えて漁獲物の価格を追徴するの法意であることが明白である。したがつて、その追徴は没収をすることができなくなつた時及び場所における漁獲物の価額を標準としてこれをなすことをもつて右の法意に適合するものというべきであつて、漁場現場における価額をもつて右の標準をなすべきものではない。

（総覧六二九頁・刑集一一巻一一二三頁）

5　罰　則

四―一―五七　新旧両法における刑の軽量と刑法第六条の適用事例

大審院刑、昭和五年(れ)第一六五七号

昭五・一二・八判決、棄却自判

一審　高知区裁　二審　高知地裁

関係条文　刑法六条・一〇一条、機船底曳網漁業取締規則一九条（改正後の一九条ノ三）

〈機船底曳網漁業取締規則〉

第十九条　機船底曳網漁業を為ス船舶ノ船長又ハ船長ノ職務ヲ執リタル者左ノ各号ノ一ニ該当スルトキハ三月以下ノ懲役又ハ百円以下ノ罰金ニ処ス

機船底曳網漁業取締規則に「三月以下ノ懲役又ハ百円以下ノ罰金ニ処ス」とあるのを「三月以下ノ懲役若ハ禁錮又ハ百円以下ノ罰金ニ処ス」と改めた新法の刑は旧法より軽いものといわざるを得ない。したがって刑法第六条に基づき新法を適用すべきである。

（総覧六三九頁・刑集九巻八五八頁）

四―一―五八　刑事訴訟法第四〇三条（現第四〇二条）と刑の軽量

大審院刑、昭和七年(れ)第九〇一号

昭七・九・二九判決、棄却

一審　鹿屋区裁　　二審　鹿児島地裁

関係条文　機船底曳網漁業取締規則一九条二号・一九条ノ三・一九条ノ四、刑訴法四〇三条（現四〇二条）・五六五条（現五〇五条）

第一審判決が懲役一月の言渡しをなしたる被告事件の控訴につき、第二審において罰金四〇円に対し罰金不完納の場合における労役場留置期間を四〇日と定めて言渡しをなすも、原判決の刑より重き刑の言渡しをなしたるものではない。

（総覧六四〇頁・刑集一一巻一四〇四頁）

㈢　さけ・ます流網漁業取締規則

二　禁止区域内ニ於テ操業シタルトキ

第十九条ノ三　機船底曳網漁業者漁業法第六十四条ノ規定ニ依リ第十八条又ハ第十九条ノ適用ヲ受クル場合ニ於テ違反行為ヲ為シタル当該機船底曳網漁船ノ船長、船長ノ職務ヲ執ル者又ハ操業ノ指揮ヲ為ス者モ又三月以下ノ懲役若ハ禁錮又ハ百円以下ノ罰金ニ処ス

第十九条ノ四　第十九条及前条ノ場合ニ於テハ犯人ノ所有シ又ハ所持スル漁具及漁獲物ハ之ヲ没収スルコトヲ得若シ犯人ノ所有シタル漁獲物ノ全部又ハ一部ヲ没収スルコト能ハサルトキハ其ノ価格ヲ追徴スルコトヲ得

（昭和二七年七月四日農林省令第五二号、昭和三一年四月九日農林省令第一〇一号改正、昭和三八年一月二二日農林省令第五号にて廃止）

1　漁業の許可

四—一—五九　さけ・ます流網漁業における操業権の本質と、その売却益の所属年度の関係

東京高裁刑、昭三九年(う)第一七三号
昭四〇・三・三〇判決、棄却
一審　新潟地裁
関係条文　漁業法六五条、水産資源保護法四条、さけ・ます流網漁業取締規則二条・八条二項、法人税法八条・九条一項

操業期間経過後の操業権とは、在来農林大臣の許可にかかる船舶トン数分について次年度の許可を期待できる地位であり、この地位とはそれ自体財産的価値ある地位（権利）として取引の対象となる慣行上の地位（権利）と解すべきである。その売買は慣行上廃業届等の書類の売買という形で行われ、操業権の売買をもつて将来許可によつて発生する次年度の操業権（未来の権利）の売買と解すべきでなく、また将来許可があることを条件として効力を発する停止条件付の売買とも解すべきではない。

（総覧六四三頁・東京高裁速報一三五〇号一頁）

〈さけ・ます流網漁業取締規則〉

第二条　さけ・ます流網漁業は、船舶ごとに、農林大臣の許可を受けなければ、営んではならない。

2　さけ・ますはえなわの漁業は、日本海を除く北緯三十八度十六分（金華山燈台を通過する緯線）以北の太平洋においては、毎年四月二十日から八月三十一日までの間は、船舶ごとに、農林大臣の許可を受けなければ、営んではならない。

第八条　さけ・ます漁業の許可の有効期間は三年とする。

2　農林大臣は、漁業調整及び水産資源の保護のため必要な限度において前項の期間より短かい有効期間を定

四―一―六〇　さけ・ます漁業営業者間で取引されるいわゆる船舶に付着する漁業権の賃貸譲渡又は売買の効力

仙台高裁民、昭和三三年(ネ)第四七一号

昭三五・一一・一判決、棄却

一審　仙台地裁

関係条文　漁業法六五条一項、さけ・ます流網漁業取締規則二条・八条・一三条・二九条、母船式漁業取締規則二条・四条・七条・八条

さけ又はますをとることを目的とする漁業についての行政庁の許可方針と関連して、さけ・ます漁業を営む者の間に自然的に発生したと認められる、ある種の定型的取引について予備知識による判断を必要とする。

（総覧六四九頁・下裁民集一一巻一一号二三五一頁）

四―一―六一　いわゆるさけ・ます流網漁業権について譲渡性を否定した事例

函館地裁民、昭和三六年(ワ)第二五三号

昭四〇・一・二二判決、棄却

関係条文　漁業法六五条、さけ・ます流網漁業取締規則二条・三条・一六条一項但書・四条

従前さけ・ます流網漁業の許可を受けていたものがその漁業を廃業し、他人にこれを承継させる旨の意向を表示した場合に、かりにその他人に対して

めることができる。

第九条　さけ・ます漁業者が、船舶の総トン数若しくは機関の馬力数を増加し、又は漁獲物陸揚港若しくは操業区域を変更しようとするときは、その事由を具して農林大臣の許可を受けなければならない。

その漁業許可がなされたものとしても、法上右漁業許可の承継ないし、譲渡がなされたものとはなし得ない。

（総覧六六四頁・タイムズ一七六号一九二頁）

2　罰　則

四—一—六二　さけ・ます流網漁業取締規則第二九条第二項の犯人の所持を要件とする追徴規定は、漁業法等の委任の範囲か。

最高裁第三小刑、昭和三六年(あ)第一一八七号

昭三八・一二・二四判決、破棄

一審　千葉地裁　二審　東京高裁

関係条文　漁業法六五条四項、水産資源保護法四条四項、さけ・ます流網漁業取締規則二九条二項

さけ・ます流網漁業取締規則第二九条第二項但書の規定は、漁業法第六五条第四項、水産資源保護法第四項の委任の範囲を越えたもので違法である。

（総覧六六五頁・裁判集刑三六九号一四九頁）

〈さけ・ます流網漁業取締規則〉

第二十九条　左の各号の一に該当する者は、二年以下の懲役若しくは五万円以下の罰金に処し、又はこれを併科する。

一　第二条、第九条又は第十三条第一項の規定に違反した者

二　第五条第二項の規定による制限又は条件に違反した者

三　第十四条、第二十三条第一項又は第二十四条の規定による命令に違反した者

2　前項の場合において、犯人が所有し、又は所持する漁獲物、製品、漁船及び漁具は、これを没収することができる。但し、犯人が所持してい

㈣　母船式漁業取締規則

（昭和二七年四月二八日農林省令第三〇号、昭和三八年一月二二日農林省令第五号にて廃止）

四―一―六三　母船式以外のさけ・ます流網漁業を北緯四七度以外の北太平洋において営んだ場合の擬律

札幌高裁刑、昭和二九年㈲第二九号

昭三一・二・二一判決、破棄自判

一審　函館簡裁

関係条文　さけ・ます流網漁業取締規則九条・二九条一項、母船式漁業取締規則四三条・四四条・六二条一項一号

北緯四七度以北の海面において母船式以外の方法により、さけ・ます漁業を営んだ場合は、操業禁止区域を規定した母船式漁業取締規則第四四条第一項のみに違反し、さけ・ます流網漁業取締規則第九条違反とはならない。

（総覧六七一頁・高裁刑集九巻二号一三九頁）

㈤　まき網漁業取締規則

たこれらの物件の全部又は一部を没収することができないときは、その価格を追徴することができる。

〈母船式漁業取締規則〉

第四十三条　母船式さけ・ます漁業は、北緯四十六度以南の海面において営んではならない。

第四十四条　さけ・ます漁業は、北緯四十八度以北の北太平洋（ベーリング海、オホーツク海及び日本海を含む。）の海面においては、母船式さけ・ます漁業でなければ営んではならない。

四―一―六四　まき網漁業取締規則に基づく制限漁法に関する告示の改廃と刑の廃止（昭和二七年三月一日農林省令第八号、昭和三八年一月二二日農林省令第五号にて廃止）

広島高裁松江支部刑、昭和三〇年(う)第二号

昭三一・二・六判決、棄却

一審　米子簡裁

関係条文　漁業法六五条、まき網漁業取締規則一六条・二九条

まき網漁業取締規則第一六条に基づく禁止漁法に関する告示の改廃による禁止の解除はいわゆる刑の廃止に該当しない。（総覧六七三頁・高裁特報三巻一・二合併四五頁）

四―一―六五　まき網漁業取締規則第一六条第一項と漁業法第六六条の二（現第六六条）第一項とに違反する事件

名古屋高裁金沢支部刑、昭和三一年(う)第二五一号

昭三一・一〇・三一判決、棄却

一審　小浜簡裁

関係条文　漁業法六六条の二（現六六条）一項・一三八条六号、まき網漁業取締規則一条・二条・一六条一項・二九条

総トン数二九トンの船舶により漁業を行う者が指定中型まき網漁業につき農林大臣の許可を受けたのみで夜間中部日本海において集魚灯を使用しまき

〈まき網漁取締規則〉

第十六条　農林大臣が定める区域又は期間内においては、農林大臣が定める漁具又は漁法により特殊まき網漁業を営んではならない。

2　農林大臣は、漁業調整時に必要があると認めるときは、特殊まき網漁業の許可を受けた者に対し、期間を限って操業を停止させ、その他操業に関し必要な事項を命ずることができる。

3　農林大臣は、第一項の規定により区域、期間、漁具又は漁法を定めたときは、これを告示する。

（罰則）

第二十九条　左の各号の一に該当する者は、二年以下の懲役若しくは五万円以下の罰金に処し、又はこれを併科する。

網漁業を営み、いわし、あじ、さばを採捕した場合は、漁業法第六六条の二、第一項とまき網漁業取締規則第一六条第一項違反になる。

（総覧七四五頁・高裁特報三巻二二号一〇七七頁）

㈥　瀬戸内海漁業取締規則

（昭和二六年八月二九日農林省令第六二号）

四—一—六六　瀬戸内海漁業取締規則第七条第一項にいう「火光を利用して漁業を営む」の法意

高松高裁刑、昭和二八年㈢第八七七号

昭二九・二・九判決、棄却

一審　新居浜簡裁

関係条文　瀬戸内海漁業取締規則七条一項・一〇条

瀬戸内海漁業取締規則第七条第一項にいう「火光を利用して漁業を営む」とは、漁業者が漁獲の目的で現実に火光を利用して集魚行為を開始するを以て足り必ずしも魚を捕獲することを要しないものと解する。

（総覧六七六頁・高裁刑集七巻四号五一二頁）

㈦　小型機船底びき網漁業取締規則

（昭和二七年三月一〇日農林省令第六号）

一　第二条、第十五条第一項又は第十六条第一項の規定に違反した者

（以下略）

〈瀬戸内海漁業取締規則〉

第七条　火光を利用する漁業で農林水産大臣の指定するものは、農林水産大臣の指定する期間及び海域内でなければ、営んではならない。

四―一―六七　小型機船底びき網漁業取締規則所定の禁止漁具を使用して無許可漁業を営んだ場合は、営業犯として包括的一罪である。

広島高裁刑、昭和四一年(う)第四三号

昭四一・一二・一六判決、破棄自判

一審　山口地裁岩国支部

関係条文　漁業法六六条、小型機船底びき網漁業取締規則四条二項、刑法四五条一項前段

単なる無許可漁業を営んだ場合と、小型機船底びき網漁業取締規則所定の禁止漁具を使用して無許可漁業を営んだ場合とがあるが、後者は一所為数法の関係にあり、漁業法違反は営業犯として包括的に一罪であるから、右前者と後者の関係は併合罪を適用するのは法令適用の誤りである。

（総覧六八一頁・広島高裁速報昭和四一年一〇九号一〇五頁）

(八)　小型捕鯨業取締規則
（昭和二二年一二月五日農林省令第九一号
昭和二五年三月農林省令第一九号による
改正前は「汽船捕鯨業取締規則」、昭和三八年一月二二日農林省令第五号にて廃止）

四―一―六八　汽船捕鯨業における船舶ごとの許可の必要性

仙台高裁刑

〈小型機船底びき網漁業取締規則〉

第四条　二そうびき小型機船底びき網漁業は、営んではならない。但し、農林水産大臣の指定するものについては、この限りでない。

2　小型機船底びき網漁業は、滑走装置を備えた桁又は網口開口板を使用して営んではならない。但し、農林水産大臣が指定する小型機船底びき網漁業でその指定する海域及び期間内において営むものについては、この限りでない。

3　前二項ただし書の指定については、第二条第二項の規定を準用する。

〈小型捕鯨業取締規則〉

第一条　この省令において、小型捕鯨

昭二五・三・一四判決、棄却
一審 石巻簡裁
関係条文 旧漁業法三五条（現六旧条）・五旧条（現日三八条）、小型捕鯨業取締規則二条

旧漁業法第三五条は汽船捕鯨業は命令の定むるところにより主務大臣の許可を受くるに非ざれば、これを営むことを得ない旨規定し、同条に基づいて制定された汽船捕鯨業取締規則第二条には右漁業の許可を受けんとする者は船舶ごとに申請書を提出すべき旨を規定しているから、汽船捕鯨業を営むにはそれに使用する船舶ごとに主務大臣の許可を要するものであって、その許可のない船舶によって汽船捕鯨業を営むことは法律上許されないものと解すべきである。

（総覧六七八頁・高裁刑特報一三巻一八四頁）

(九) 指定漁業の許可及び取締に関する省令

（昭和三八年一月二二日農林省令第五号）
（昭和六二年四月二〇日農林水産省令第九号）

四―一―六九 指定漁業の許可及び取締り等に関する省令に基づく農林水産大臣の遠洋底びき網漁業船舶に対する停泊命令の執行停止を求め

業とは、母船式漁業を除く外、スクリューを備える船舶によりもりづつを使用してまっこう鯨を除くは鯨又はミンクを捕る漁業をいう。

第二条 小型捕鯨業の許可を受けようとする者は、船舶ごとに左に掲げる事項を記載した申請書を提出しなければならない。（以下略）

〈指定漁業の許可及び取締に関する省令〉

る申立てが却下された事例

東京地裁民、昭和六三年(行ク)第五六号

昭六三・一二・二三決定(確定)

関係条文　漁業法三四条一項・三八条一項・五七条・六三条、指定漁業の許可及び取締り等に関する省令二〇条一項・二項・九〇条の二・九〇条の三

指定漁業の許可及び取締り等に関する省令第九〇条の三第一項の規定に基づく停泊命令についての執行停止申立ては、申立て人らの主張の違法事由はなく、本案について理由がないとみえるときに当たる。

(総覧続巻二七七頁・訟務三五巻五号八六五頁)

第九十条の三　農林水産大臣は、合理的に判断して船舶(指定漁業の許可に係る船舶を除く。)が前条第一項の規定に違反して使用された事実があると認める場合において、漁業取締り上必要があるときは、当該船舶により漁業を営む者又は当該船舶の船長、船長の職務を行なう者若しくは操業を指揮する者に対し、てい泊港及びてい泊期間を指定して当該船舶のてい泊を命ずることがある。

第二節　法定知事許可漁業（六六条）

一　小型機船底びき網漁業

四—二—一　無許可により漁業を営んだ漁業法第六六条違反の行為は、営業犯として包括的一罪である。

広島高裁刑、昭和四一年(う)第四三号
昭四一・一二・一六判決、破棄自判
一審　山口地裁岩国支部
関係条文　漁業法六六条、小型機船底びき網漁業取締規則四条二項、刑法四五条前段、五四条一項前段

単なる無許可漁業を営んだ場合と、小型機船底びき網漁業取締規則所定の禁止漁具を使用して無許可漁業を営んだ場合とがあるが、後者は一所為数法の関係にあり、漁業法違反は営業犯として包括的に一罪であるから、右前者と後者の関係に併合罪を適用するのは法令適用の誤りである。

（総覧六八一頁・広島高裁速報昭和四一年一〇九号一〇五頁）

四—二—二　漁業法第六六条第一項の規定が、国後島ケラムイ崎北東約五海里で同島沿岸線から約二・五海里の海域に及ぶか。

最高裁二小刑、昭和四四年(あ)第八九号
昭四五・九・三〇判決、棄却

第六十六条　中型まき網漁業、小型機船底びき網漁業、瀬戸内海機船船びき網漁業又は小型さけ・ます流し網漁業を営もうとする者は、船舶ごとに都道府県知事の許可を受けなければならない。

2　「中型まき網漁業」とは、総トン数五トン以上四十トン未満の船舶によりまき網を使用して行う漁業（指定漁業を除く。）をいい、「小型機船底びき網漁業」とは、総トン数十五トン未満の動力漁船により底びき網を使用して行う漁業をいい、「瀬戸内海機船船びき網漁業」とは、瀬戸内海（第百九条第二項に規定する海面をいう。）において総トン数五トン以上の動力漁船により船びき網を使

一審　釧路地裁　二審　札幌高裁
関係条文　漁業法六六条・一三八条六号・三条・四条
国後島ケラムイ崎北東約五海里で同島沿岸線から約三・五海里の海域は、漁業法第六六条第一項の無許可漁業禁止の効力が及ぶ範囲に含まれる。
（総覧六八二頁・最高裁刑集二四巻一〇号一四三五頁）

四―二―三　小型機船底びき網漁業許可証記載の「秋田沖海面」の解釈

仙台高裁秋田支部刑、昭和四八年(う)第四七号
昭四九・九・一七判決、破棄自判
一審　能代簡裁
関係条文　漁業法六六条・一三八条六号
青森県西津軽郡岩崎村大字大間越北西約七海里あるいは同村大字大間越字箟所在の須郷崎西北西約九海里付近の海域通称「秋田たら場」「秋田礁」は、小型機船底びき網漁業の許可に付された「秋田沖合海域」に含まれる。
（総覧六九五頁）

四―二―四　漁業法第六六条の二（現第六六条）第一項に規定する都道府県知事の意義

福岡高裁刑、昭和二八年(う)第四三〇号
昭二八・四・二七判決、棄却
一審　佐賀地裁唐津支部

用して行う漁業をいい、「小型さけ・ます流し網漁業」とは、総トン数三十トン未満の動力漁船により流し網を使用してさけ又はますをとる漁業（母船式漁業を除く。）をいう。

3　主務大臣は、漁業調整のため必要があると認めるときは、都道府県別に第一項の許可をすることができる船舶の隻数、合計総トン数若しくは合計馬力数の最高限度を定め、又は海域を指定し、その海域につき同項の許可をすることができる船舶の総トン数若しくは馬力数の最高限度を定めることができる。

4　主務大臣は、前項の規定により最高限度を定めようとするときは、関係都道府県知事の意見をきかなければならない。

5　都道府県知事は、第三項の規定により定められた最高限度をこえる船舶については、第一項の許可をして

関係条文　漁業法六六条の二（現六六条）一項・三号・一三八条六号

漁業法第六六条の二第一項の規定により同条所定の漁業につき船舶ごとに許可をなし得る権限を有する都道府県知事とは、当該漁業の操業海域を管轄する都道府県知事を指斥し、該海域を管轄しない都道府県知事を包含するものではない。

（総覧七〇四頁・高裁刑集六巻四号五三八頁）

二　小型さけ・ます流し網漁業

四―二―五　動力漁船（総トン数一四トン）によりごち網を使用して行った漁業を小型機船底びき網漁業であると認定した事例

福岡高裁刑、平成六年(う)第一〇六号

平七・二・二判決、控訴棄却

一審　長崎地裁

関係条文　漁業法六六条一項・二項・一三八条六号

被告人は、いわゆるごち網であっても、底びき網として容易に使用できる脅しのない網を使用していたこと、ごち網では全く使用することがなく、小型底びき網に装着されて初めて効能を発揮する網口開口板を装着していたこと、被告人は、遊泳力があってごち網漁法では捕獲されにくい、クロサギを大量に捕獲していたことなどを併せ考えると、被告人は、網を曳行する漁法、すなわち、底びき網漁を行ったものと優に認定できるというべきである。

（高裁速報一三八七号一四一頁）

はならない。

〈昭和三七年法律第一五六号による改正前のもの〉

第六十六条の二　中型まき網漁業、小型機船底びき網漁業又は瀬戸内海機船船びき網漁業は、船舶ごとに都道府県知事の許可を受けなければならない。

2　「中型まき網漁業」とは総トン数五トン以上六十トン未満の船舶によりまき網を使用して行う漁業（第六十五条第一項の規定による省令に基いて主務大臣の許可を必要とする漁業を除く。）をいい、「小型機船底びき網漁業」とは総トン数十五トン未満のスクリューを備える船舶により底びき網を使用して行う漁業をいい、「瀬戸内機船船びき網漁業」とは、瀬戸内海（第百九条第二項に規定する海面をいう。）において総トン数五トン以上のスクリューを備える船舶により船びき網を使用して行う漁業をいう。
（以下略）

四―二―六　漁業法令の効力は外国領海にも及ぶ。

最高裁一小刑、昭和四四年(あ)第二七五九号
昭四六・四・二二判決、破棄差戻
一審　釧路地裁　二審　札幌高裁
差戻審　釧路地裁
関係条文　漁業法六六条一項・一三八条六号、北海道海面漁業調整規則一条

一　北海道地先海面に関しては、漁業法第六六条第一項は、北海道地先海面であつて、漁業法及び同法に基づく北海道海面漁業調整規則の目的である漁業秩序の確立のための漁業取締りその他漁業調整を必要とする範囲の、わが国領海における漁業及び公海における日本国民の漁業のほか、これらのわが国領海及び公海と連接して一体をなす外国の領海における日本国民の漁業にも適用される。

二　漁業法第一三八条第六号は、わが国領海における同法第六六条第一項違反の行為のほか、公海及びこれらと連接して一体をなす外国の領海において日本国民がした同法第六六条第一項違反の行為（国外犯）をも処罰する旨を定めたものである。

三　漁業法第六六条第一項により日本国民が国後島ハツチヤウス鼻西沖合約二・五海里付近の海域において同項に掲げる漁業を営むことは禁止され、これに違反した者は、同法第一三八条第六号による処罰を免れない。

（総覧七〇六頁・最高裁刑集二五巻三号四九二頁）

三　中型まき網漁業

四―二―七　漁業種類を「いわし・あじ・さばまき網漁業」とした知事の中型まき網漁業許可証と魚種の制限

最高裁三小刑、平成五年(う)第一九号

平八・三・一九決定、上告棄却

関係条文　漁業法六五条一項、六六条一項、大分県漁業調整規則一五条・六〇条

中型まき網漁業許可証の「漁業種類」欄にも「いわし・あじ・さばまき網漁業」と明示されていたというのであるから、漁業法第六六条第一項、第六五条第一項による大分県知事の右中型まき網漁業許可は、いわし、あじ、さばを目的として採捕することに限定されたものであって、それ以外の魚種を目的として採捕することは禁止されていたと解すべきである。したがって、右許可以外の魚種であるいさきを目的として採捕した被告人らの行為は、許可の内容である魚種等により区分された漁業種類に違反する操業を禁止した大分県漁業調整規則第一五条に違反することが明らかである。

（総覧続巻二六七頁・「時報」一五六七号、一四四頁）

四―二―八　漁業法第六六条の二（現第六六条）第一項とまき網漁業取締規則第一六条第一項とに違反する事例

名古屋高裁金沢支部、昭和三一年(う)第一五一号
昭三一・一〇・三一判決、棄却
一審　小浜簡裁
関係条文　漁業法六六条の二(現六六条)第一項・一三八条六号、まき網漁業取締規則一条・一六条一項・二九条
総トン数二九トンの船舶により漁業を行う者が指定中型まき網漁業につき農林大臣の許可を受けたのみで夜間中部日本海区において集魚灯を使用しまき網漁業を営み、いわし、あじ、さばを採捕した場合は、漁業法第六六の二第一項とまき網漁業取締規則第一六条第一項の違反になる。
(総覧七四五頁・高裁特報三巻二二号一〇七七頁)

第三節　漁業監督公務員(七四条)

四—三—一　漁業監督吏員の権限の行使が管轄区域外のものであつても、法令の根拠に基づく適法な公務の執行に属するものとされた事例
最高裁一小刑、昭和三八年(あ)第三一二二号
昭四〇・五・二〇判決、棄却
一審　長崎地裁　二審　福岡高裁
関係条文　憲法三一条・三三条・三五条、漁業法六五条・七四条、水産資源保護法四条、中型機船底曳網漁業取締規則二六条・二八条
漁業監督吏員が管轄海域から追跡中継続して発した停船命令は、管轄外海

第七十四条　主務大臣又は都道府県知事は、所部の職員の中から漁業監督官又は漁業監督吏員を命じ、漁業に関する法令の励行に関する事務をつかさどらせる。
2　漁業監督官及び漁業監督吏官の資格について必要な事項は、命令で定める。
3　漁業監督官及び漁業監督吏員は、

域にあっても適法である。

（総覧五七五頁・裁判集刑一五五号六八一頁）

四―三―二　固定式刺網漁業者が操業違反の取締りに落ち度があったことも一因であるとして国、県に対し行った損害賠償請求が棄却された事例

福島地裁相馬支部民、昭和六三年(ワ)第三四号（甲事件）・第三五号（乙事件）

平五・七・二七判決、棄却

関係条文　漁業法七四条、海上保安庁法二条一項、一五条、国家賠償法一条一項

固定式刺網漁業を営む者が、仕掛けた刺網を底曳網漁船に破られ、漁獲がなくなる損害を繰り返し被ったのは、県及び国の操業違反の取締りに落ち度があったこともその一因であるとして、県及び国に対し、損害賠償を求めた事案につき、底曳網漁船による漁網破損の事実についての立証はなく、また、県の漁業監督吏員及び国の海上保安部所属の海上保安官らが違法操業を黙認放置していた事実を認めるに足りる証拠もないので原告の請求については理由がない。

（総覧続巻二八六頁・自治一三一号一〇五頁）

四―三―三　海上における漁業に関する現行犯の検挙と海上衝突予防法規遵

必要があると認めるときは、漁場、船舶、事業場、事務所、倉庫等に臨んでその状況若しくは帳簿書類その他の物件を検査し、又は関係者に対し質問をすることができる。

4　漁業監督官又は漁業監督吏員がその職務を行う場合には、その身分を証明する証票を携帯し、要求があるときはこれを呈示しなければならない。

5　漁業監督官及び漁業監督吏員であってその所属する官公署の長がその者の主たる勤務地を管轄する地方裁判所に対応する検察庁の検事正と協議をして指名したものは、漁業に関する罪に関し、刑事訴訟法（昭和二十三年法律第百三十一号）の規定による司法警察員として職務を行う。

〈間接国税犯則者処分法〉

第四条　収税官吏臨検、捜索、尋問又ハ差押ヲ為ストキハ其ノ身分ヲ証明

守の要否

福岡高裁刑、昭和三二年(う)自第八一四号至第八一七号

昭三三・七・三判決、一部棄却、一部破棄自判

一審　長崎地裁

関係条文　漁業法七四条、刑法九五条一項、刑訴法一八九条二項・二一三条、海上衝突予防法一条・二条・二一条・二二条

司法警察員が海上における漁業に関する現行犯を検挙するため船舶を運航する場合、海上衝突予防法規を遵守すべき義務がある。

（総覧七四八頁・高裁刑集一一巻六号三一七頁）

四―三―四　漁業監督吏員の検査権限

札幌高裁刑、昭和二七(う)自第二九二号至第二九九号

昭二八・三・一二裁決、棄却

一審　旭川地裁稚内支部

関係条文　漁業法七四条三項、北海道海面漁業調整規則四六条

司法警察員としての職務を有しない漁業監督吏員は漁業法第七四条第三項に基づく「検査」の権限を有するものであり、同吏員が本件において中浮網を引き揚げたのは右の権限に基づき、該中浮網が果して北海道漁業取締規則第四六条に違反する網なりや否やを調査するために引き揚げたものと解し得られる。

（総覧七六六頁・高裁刑特報三二号五頁）

スヘキ証票ヲ携帯スヘシ

四―三―五　漁業取締船等に対するロープ流し妨害行為は、公務執行妨害の罪を構成する脅迫に当る。

福岡高裁刑、昭和二九年(う)第二五四八号

昭和三〇・三・二六判決、棄却

一審　熊本地裁

関係条文　漁業法七四条、刑法九五条

逮捕を免かれるため、公務員に対し、もし公務の執行として一定の所為に出るにおいては危害の及ぶべき状況をことさらに作出覚知させる所為は、公務執行妨害の罪を構成する脅迫に当るものと解すべきである。

（総覧七六七頁・高裁刑集八巻三号一九五頁）

四―三―六　公務執行妨害罪と証票携帯の有無

大審院刑、大正一四年(れ)一一五号

大一四・三・二三判決、棄却

一審　秋田地裁　　二審　宮城控訴院

関係条文　旧漁業法四一条（現七四条）、間接国税犯則者処分法四条・刑法九五条）

収税官吏間接国税犯則者処分法第四条に基づく処分をなすに当つて同条所定の証票を携帯していなかつたとしても、これに対し暴行脅迫を加えてその

処分を実施させなかつた行為は公務執行妨害罪を構成する。（総覧七七〇頁・刑集四輯一八七頁）

第五章　漁業調整委員会

第一節　漁業調整委員会の所掌事項（八三条）

五―一―一　海区漁業調整委員会委員の職務権限の範囲

最高裁三小民、昭和三四年(あ)第一四六号
昭三六・一〇・二四判決、棄却
一審　新潟地裁相川支部　　二審　東京高裁
関係条文　漁業法六七条一項・八三条、地方自治法一八〇条の五・二項四号、地方公務員法三条三項一号

佐渡海区漁業調整委員会委員は、内海府漁業協同組合の漁場の使用をめぐる紛争について調停をする職務権限をも有する。

（総覧七七二頁・最高裁判例集一五巻九号一六一二頁）

第二節　海区漁業調整委員会委員の選挙権及び被選挙権（八六条）

五―二―一　海区漁業調整委員会委員の選挙権及び被選挙権の資格要件としての「漁船を使用する漁業を営むもの」に当らない場合

広島地裁民、昭和二五年(行)第二九号
昭二五・一一・一八判決、認容

第八十三条　漁業調整委員会は、その設置された海区の区域内における漁業に関する事項を処理する。

第八十六条　海区漁業調整委員会が設置される海区に沿う市町村（海に沿わない市町村であつて、当該海区において漁業を営み又はこれに従事す

関係条文　漁業法八六条

漁具として動力船を所有しないで単に櫓舟を所有しているに過ぎず、しかも右漁具は他人に貸与して自らは出漁せず、他人の水揚収入の七割を自己の所得としている者であって、年間の所得の大部分が農業及び給与所得で占められているような者は、漁業法第八六条にいう「漁船を使用する漁業を営むもの」に当らない。

（総覧七七七頁・行政集一巻一〇号一三四三頁）

第三節　選挙人名簿（八九条）

五―三―一　違法に選挙人名簿の追加登録を許容する趣旨の印刷物を、選挙管理委員会が配付した場合と選挙無効

名古屋高裁民、昭和二五年(ナ)第三号

昭二六・二・六判決、棄却

関係条文　漁業法八九条、公職選挙法二三条・三〇条・二二六条

町選挙管理委員会が誤って違法に選挙人名簿に対する異議申立期間を認め名簿脱漏の有権者に追加登録を許す旨の印刷物を配布した事実はあっても、これに従って登録方を申し立てた者に対してすべて登録を拒否した以上、そ

る者が相当数その区域内に住所又は事業場を有している等特別の事由によって主務大臣が指定したものを含む。）の区域内に住所又は事業所を有する者であって、一年に九十日以上、漁船を使用する漁業を営み又は漁業者のために漁船を使用して行う水産動植物の採捕若しくは養殖に従事するものは、海区漁業調整委員会の委員の選挙権及び被選挙権を有する。

第八十九条　第八十六条第一項の市町村の選挙管理委員会は、命令の定めるところにより、申請に基いて、毎年九月一日現在で選挙人の選挙資格を調査し、海区漁業調整委員会選挙人名簿を調整しなければならない。

2　前項の場合において申請がないとき、又は申請に錯誤若しくは遺漏が

れは選挙の無効原因となるものではない。

（総覧七八〇頁・行政集二巻一号四二頁）

五—三—二　成規の選挙人名簿以外に違法な選挙人名簿を調整して、選挙期日における選挙人の受付及び対照に使用した場合と選挙無効

名古屋高裁民、昭和二五年(ナ)第三号

昭二六・二・六判決、棄却

関係条文　漁業法八九条、公職選挙法二三条・三〇条・二二六条

町選挙管理委員会が成規の選挙人名簿（甲名簿）を調製しながら、その縦覧期間経過後みだりに選挙人名簿なるもの（乙名簿）を作成し、これを選挙期日における選挙人の受付及び対照に使用したことは、選挙の規定に違背するけれども、甲名簿を使用した場合と現実に乙名簿を使用した場合とによつて生ずる相違が最下位当選者の得票と次点者の得票の差からみてその当落の順位を変更するおそれの認められない以上、選挙の結果に異同を及ぼすおそれはないから、右選挙を無効とすることはできない。

（総覧七八〇頁・行政集二巻一号四二頁）

第四節　投　　票（九一条）

五—四—一　海区漁業調整委員会の委員の選挙において、投票用紙に候補者の屋号を表示することは、同候補者の氏名を記載したことになる

あるときは、選挙管理委員会は、職権で選挙人名簿に登載し、又は申請を補正することができる。

3　選挙人の年齢は、選挙人名簿確定の期日で算定する。

4　選挙人名簿には、選挙人の氏名及び生年月日（法人にあつては名称）並びに住所（当該地区内に住所がない場合には事業所）等を記載しなければならない。

5　選挙人名簿は、十二月五日をもつて確定する。

第九十一条　左に掲げる投票は、無効とする。

か。

札幌高裁民、昭和二五年(ナ)第一号

昭二五・一一・一五判決、認容

関係条文　漁業法九一条、公職選挙法六七条・六八条・九四条・九五条

海区漁業調整委員会の選挙において、「カフミオと記載した投票は、「カ」が候補者住岡政悦の選挙管理委員会に届け出た屋号であり、しかもその選挙において屋号を「カ」と呼称する者は同候補者一人であつても、「カ」と表示した部分は、単に投票の他事記載として許されるというにとどまるものであつて、同候補者の氏名そのものを記載したことにならず、またフミオの表示は、同候補者の氏名の記載とは認めがたいから、結局、無効な投票といわなければならない。（総覧七八五頁・行政集一巻八号一一〇七頁）

第五節　漁業調整委員会委員の失職（九七条の二）

五—五—一　漁業法第九七条の二に基づく、海区漁業調整委員会委員の失職事由である当該普通地方公共団体等に対する請負行為の制限の範囲

一　成規の用紙を用いないもの

二　候補者でない者又は第八十七条第二項若しくは第三項の規定により候補者となることができない者の氏名を記載したもの

三　二人以上の候補者の氏名を記載したもの

四　被選挙権のない候補者の氏名を記載したもの

五　候補者の氏名以外の事を記載したもの。但し、職業、身分、住所又は敬称の類を記入したものは、この限りでない。

六　候補者の氏名を自書しないもの

七　どの候補者を記載したのか確認できないもの

第九十七条の二　委員が地方自治法第百八十条の五第六項の規定に該当するときは、その職を失う。その同項

福岡高裁民、昭和三九年(行ケ)第八号
昭四〇・三・一六判決、棄却
関係条文　漁業法八七条・九七条の二、地方自治法一八〇条の五、公職選挙法八九条・一〇四条

漁業法第九七条の二に基づく海区漁業調整委員会委員の失職事由である、地方自治法第一八〇条の五第六項にいう当該普通地方公共団体等に対する請負行為の制限とは、普通地方公共団体たる都道府県若しくはその長、委員会又は委員等に対する請負行為の制限であって、漁業協同組合に対する請負行為を含まないものと解すべきである。

（総覧七八八頁・行政集一六巻三号三六一頁）

第六節　委員会の会議（一〇一条）

五―六―一　漁業法第一〇一条第二項の可否同数のときは、会長の決するところによる旨の規定に違反してなされた海区漁業調整委員会の議決の効力

鹿児島地裁民、昭和二七年(行)第一〇号
昭二九・七・六判決、認容
関係条文　漁業法一二条・一六条・一〇一条二項・一〇三条

一　海区漁業調整委員会の「議事は、可否同数のときは、会長の決するところによる」との漁業法第一〇一条第二項の規定は、強行法規であるから、右規定と異なる方法によってなされた議決は、無効である。

の規定に該当するかどうかは、第八十五条第三項第一号の委員にあっては委員会、同項第二号の委員にあっては、都道府県知事が決定する。この場合において、委員会の決定は、出席委員の三分の二以上の多数によらなければならない。

第百一条　海区漁業調整委員会は、定員の過半数にあたる委員が出席しなければ、会議を開くことができない。
2　議事は、出席委員の過半数で決する。可否同数のときは、会長の決するところによる。
3　海区漁業調整委員会の会議は、公開する。
4　会長は、議事録を作成し、これを

二　漁業法第一二条の規定により都道府県知事が漁業の免許を決定するに当って徴すべき海区漁業調整委員会の意見は、同法第一〇三条の再議の規定に徴しても、免許の重要な前提手続をなすものと解されるから、同委員会の意見が無効の議決に基づくものである場合には、当該意見をきいてなされた漁業免許処分も違法として取消しを免れない。

（総覧七九二頁・行政集五巻七号一七五二頁）

縦覧に供しなければならない。

第百三条　都道府県知事は、海区漁業調整委員会の議決が法令に違反し、又は著しく不当であると認めるときは、理由を示してこれを再議に付することができる。但し、議決があった日から一箇月を経過したときは、この限りではない。

第六章　雑　　則

第一節　不服申立てと訴訟との関係（一三五条の二）

六―一―一　行政不服審査法第一四条第一項ただし書の「やむをえない理由」及び、同条第三項ただし書の「正当な理由」があるものとはいえないとされた事例

長崎地裁民、昭和五〇年(行ウ)第一〇号

昭和五一・六・二八判決、棄却

関係条文　漁業法一三五条の二、行政不服審査法一四条

知事が漁業権免許処分に際して、公示その他の所要手続を怠ったとしても、原告らが右処分のあったことを処分後間もなく知ったと認められる場合には、右処分に対する審査請求の不服申立期間徒過につき、行政不服審査法第一四条第一項ただし書の「やむをえない理由」及び同条第三項ただし書の「正当な理由」があるものとはいえない。

（総覧八〇一頁・下裁民集二七巻六号九五〇頁）

六―一―二　漁業免許の取消裁決の執行停止申請が、償うことのできない損失を受けるものとはいえないとして棄却された事例

東京地裁民、昭和二九年(行モ)第一四号

第百三十五条の二　主務大臣又は都道府県知事が第二章から第四章まで（第六十五条第一項の規定に基づく省令及び規則を含む。）の規定によってした処分の取消しの訴えは、その処分についての異議申立て又は審査請求に対する決定又は裁決を経た後でなければ、提起することができない。

〈昭和三七年法律第一四〇号による改正前のもの〉

第百三十五条　この法律又はこの法律に基く命令の規定による免許、許可又は認可の申請に対する許否その他行政庁の処分に不服がある者は、訴願を提起することができる。

昭和二九・八・二六決定、棄却

関係条文　漁業法改正前の一三五条

判決が確立した場合に申立人等が本件漁業権を原状に復することは可能であり、とくにその損害について償うことができないと思われるような事情について何ら申立人等は開陳しないのであるから本件裁決により申立人等が償うことができない損害を受けるものということはできない。

（総覧八〇九頁・行政集五巻八号一九七三頁）

六―一―三　定置漁業権免許取消処分の執行停止申請が認容された事例

青森地裁民、昭和二七年(行モ)第四号

昭二七・九・二・決定、認容

関係条文　漁業法改正前の一三五条

判決の確定を待つにおいては、この間申立人は唯一の生活の道を失いその家族は路頭に迷うこととなり、回復補償至難の禍害である。したがって判決が確定するまで行政処分の執行を停止する。（総覧八一〇頁・行政集三巻九号一八〇八頁）

六―一―四　定置漁業権免許取消処分の執行停止申請が却下された事例

青森地裁民、昭和二七年(行モ)第六号

昭二七・一〇・八決定、却下

関係条文　漁業法改正前の一三五条

旧五十五条　漁業の免許若ハ許可ノ出願又ハ期間更新ノ申請ニ対スル許否ニ不服アル者及第三条第二項、第二十二条、第二十四条、第二十五条若ハ第三十七条第二項ノ規定ニ依ル処分ニ不服アル者ハ訴願ヲ提起シ違法ニ権利ヲ傷害セラレタリトスルトキハ行政訴訟ヲ提起スルコトヲ得

〈明治四三年法律五八号による改正前のもの〉

旧二十三条　漁業免許ヲ拒否セラレタル者若ハ第七条第三項ノ認可ヲ拒否セラレタル者其ノ拒否ノ処分ニ不服ナルトキ又ハ第八条、第九条若ハ第十四条第二項ノ処分ヲ受ケタル者其ノ処分ニ不服ナルトキハ訴願ヲ提起スルコトヲ得

前項ノ処分ニ依リ違法ニ権利ヲ傷害セラレタリトスルトキハ行政訴訟ヲ提起スルコトヲ得

判決を待つにおいては、この間申立人は漁期を失しかつ生活の途を断たれ償うことのできない損害を被むるとの申立を肯定させる資料がない。したがつて行政処分停止命令申立を却下する。

（総覧八一一頁・行政集三巻一〇号二一〇六頁）

六―一―五　漁業免許の訂正命令に対して行政訴訟を提起しうる。

行政裁、明治三九年第一四五号

明三九・七・六判決

関係条文　旧漁業法改正前の九条（現三九条）、同二三条（現改正前の一三九条）、旧二五条（現四〇条）

一　行政官庁は誤謬によつて漁業免許を与えたことを発見したときは、これを訂正する権能を有するものである。

二　行政官庁が漁業免許を与えた後誤謬を発見してこれを訂正した場合といえどもその訂正命令であつて、実質上一部の免許を拒否したものであるときは、被処分者は行政訴訟を提起することができる。

（総覧八一一頁・行録一七輯四二〇頁）

六―一―六　入漁権の登録処分は、営業免許処分に当らない。

行政裁、明治四四年第一三一号

明四四・九・二九判決

関係条文　旧漁業法一二条（現七条）・五五条（現改正前の一三五条）

入漁権に関しては漁業法において免許又は許可の処分を認めず、これに関してはただ登録処分を認めるのみであって、入漁の権利ある漁業者を免許漁業原簿に登録した処分の如きは漁業免許というべきものではない。したがってこれに対しては行政訴訟を提起することはできない。

（総覧五七頁・行録二二輯九三六頁）

六―一―七　入漁権の登録処分は、行政訴訟の対象とならない。

行政裁、明治四四年第一四八号

明四四・一〇・一三裁決、却下

関係条文　旧漁業法一二条（現七条）・五五条（現改正前の一三五条）、行政裁判法一七条

入漁権に関しては漁業法その他の法令において免許又は許可の処分を認めない。これに関してはただ登録処分を認めるものであって、登録処分に対しては行政訴訟を提起することはできない。

（総覧八一三頁・行録二二輯九八二頁）

六―一―八　上級行政庁が違法に訴願書を受理しないときは、その裁決を経たときと同様に行政訴訟を提起することができる。

行政裁、明治四四年第三九号

明四四・一二・一一判決

関係条文　旧漁業法四条（現六条）、訴願法五条二項（現漁業法一三

五条の二)、行政裁判法一七条

地方上級行政庁に訴願をなし、その裁決を経た後でなければ行政訴訟を提起することができない場合において、適法に訴願をなしても地方上級行政庁が違法に訴願書を受理しないときは、その裁決を経たときと同じように行政訴訟を提起することができるものと解する。

(総覧八一四頁・行録二二輯一二三七頁)

六―一―九　行政事件訴訟法第八条第二項第二号にいう「著しい損害を避けるため緊急の必要があるとき」に当たるとされた事件

松山地裁民、昭和五四年(行ク)第一号

昭五四・七・九決定(確定)

関係条文　行訴法八条二項二号、二五条二項、三項、漁業法六五条一項、一三五条の二、愛媛県漁業調整規則五一条

審査請求を経ないで提起された県漁業調整規則に基づく知事の中型まき網漁業船舶に対する停泊命令の取消しを求める訴えにつき、審査請求を経ていたのでは右命令に係る停泊期間を徒過してしまい司法救済を受けられなくなるおそれが大きいから、行政事件訴訟法第八条第二項第二号にいう「著しい損害を避けるため緊急の必要があるとき」に当たる。

(総覧続巻二九三頁・訟務二五巻一一号二八四四頁)

六―一―一〇　不認可処分に対する異議申立てを棄却した決定の取消しを求

〇める訴えが棄却された事例

東京高裁民、昭和五六年(行コ)第八号

昭五六・八・二七判決、棄却(確定)

一審 東京地裁

関係条文 漁業法五八条の二・三項・一三五条の二、行訴法一〇条二項

行政事件訴訟法第一〇条第二項によれば、処分の取消しの訴えとその処分についての審査請求を棄却した裁決の取消しの訴えとを提起することができる場合には、裁決の取消しの訴えにおいては処分の違法を理由にして取消しを求めることができない旨定められているところ、本件訴えは本件不認可処分についての審査請求を棄却した裁決の取消しを求める訴えであり、右不認可処分に対する取消し訴訟の提起が許されることは漁業法第一三五条の二の規定に照らして明らかであるから、原告は本件決定の取消しを求める本訴において本件不認可処分の違法を主張することは許されないものといわねばならない。

(総覧続巻二九三頁・行政集三二巻八号一四七二頁)

第七章　罰　　則

第一節　漁獲物等の没収及び追徴（一四〇条）

七―一―一　漁業法第一四〇条により追徴することができる漁獲物の価額

最高裁第一小刑、昭和四七年(あ)第一五七二号
昭四九・六・一七判決、棄却
一審　釧路地裁　　二審　札幌高裁
関係条文　漁業法一四〇条・一三八条・一八九条

漁業法第一四〇条により追徴することができる漁獲物の価額は、客観的に適正な卸売価格をいう。

（総覧八一七頁・最高裁刑集二八巻六号一八三頁）

七―一―二　漁業法違反の不正採捕所持鮮魚の代価の追徴

福岡高裁刑
昭二四・一一・二判決、破棄自判
一審　長崎地裁
関係条文　旧漁業法施行規則六〇条二項（現漁業法一四〇条）

漁獲物はすでに被告人等において分配消費しておって没収出来ないから、これを追徴したのは相当であるけれども、漁業法施行規則第六〇条第二項

第百四十条　第百三十八条又は前条の場合においては、犯人が所有し、又は所持する漁獲物、製品、漁船又は漁具その他水産動植物の採捕に供される物は、没収することができる。但し、犯人が所有していたこれらの物件の全部又は一部を没収することができないときは、その価額を追徴することができる。

旧五十八条　②前項ノ場合ニ於テハ犯人ノ所有シ又ハ所持スル漁獲物及漁具ハ之ヲ没収ス但シ犯人ノ所有シタル前記物件ノ全部又ハ一部ヲ没収スルコト能ハサルトキハ其ノ価額ヲ追徴ス

（現漁業法第一四〇条）の趣旨から見ると、被告人等の各取得額に応じて、これを追徴すべきものと解するのが相当である。

（総覧八二四頁・高裁刑特報六巻六七頁）

七—一—三　旧漁業法第五八条第二項（現第一四〇条）は没収に関する刑法第一九条第二項の特例である。

大審院刑、大正七年(れ)第九一〇号

大七・五・六判決、破棄差戻

一審　函館区裁　　二審　函館地裁

関係条文　旧漁業法五八条二項（現一四〇条）、刑法八条・一九条

漁業法第五八条第二項は漁業取締りの必要上刑法第八条但書により特に設けた強行規定であつて、即ち刑法第一九条第二項の適用を排除し、いやしくもその第一項に違背して漁業を行なつた以上はその者自身の所有であると単にその者の所持に係り所有権は他人に属するとを問わず均して没収するの趣旨であると解する。

（総覧八二五頁・刑録二四輯一二巻五三頁）

七—一—四　密漁に使用した漁船の船体等の没収が相当とされた事例

最高裁一小刑、平成元年(あ)第一三七四号

平二・六・二八決定、棄却

一審　釧路地裁　　二審　札幌高裁

関係条文　北海道海面漁業調整規則五条一項・五五条一項一号・二項、刑訴法四一一条

被告人が海上保安庁の巡視艇等の追尾を振り切るためなどに船体に無線機、レーダー及び高出力の船外機等を装備した漁船を使用し、共犯者らを乗り組ませるなどして、北海道海面漁業調整規則に違反する漁業を営んだという本件事案の下において、同規則第五五条二項本文により右船舶船体等をその所有者である被告人から没収することは相当である。

（総覧続巻二二四頁・最高裁刑集四四巻四号三九六頁）

七―一―五　漁業法第一四〇条にいう「犯人」には、事業主も含まれる。

札幌高裁刑、昭和五六年(う)第二二号

昭五六・四・二四判決、棄却

一審　釧路地裁

関係条文　漁業法一三八条・一四〇条・一四五条

漁獲物等の没収を規定した漁業法第一四〇条の「犯人」には、同法第一四五条の両罰規定の適用を受ける事業主が含まれる。

（総覧八三三頁・時報一〇二二号一三五頁）

第二節　漁業権及び行使権の侵害（一四三条）

七―二―一　漁業権侵害罪と窃盗罪とは共に成立し、想像的併合罪の関係にある。

第百四十三条　漁業権又は漁業協同組合の組合員の漁業を営む権利を侵害

大審院刑、大正三年(れ)第二〇九五号
大三・一〇・六判決、棄却
一審　佐世保区裁　　二審　長崎地裁
関係条文　旧漁業法六〇条一項（現一四三条一項）

漁業法第六〇条による漁業権の侵害罪は、必ずしも他人の水産動植物に関する財産権を侵害した事実のあることを必要としないので、他人が採捕しかつ移殖しておいた真珠貝を窃取することによつてその他人の専用漁業権を侵害したときは、一箇の行為であつて刑法の窃盗罪及び漁業法第六〇条違反罪の二罪名に触るるものである。

（総覧八二八頁・刑録二〇輯一八〇八頁）

七―二―二　漁業権侵害とその行使権の侵害の関係

大審院刑、大正六年(れ)第一七〇三号
大六・一二・二四判決、破棄自判
一審　岡崎区裁　　二審　名古屋地裁
関係条文　旧漁業法六〇条一項（現一四三条一項）

被告等は漁業組合の蛸壺専用の漁場であつてその漁業期間であることを知りながら、その漁業組合の蛸壺専用漁場に立入り、打瀬網を使用して同組合員が海底に蛸捕獲のための蛸壺を沈没しておいた箇所においた漁業をなし、右沈没の蛸壺を移動若しくは紛失させた行為は右漁業組合の漁業権を侵害したものに該当しないものである。

した者は、二十万円以下の罰金に処する。

2　前項の罪は告訴を待つて論ずる。

旧六十条　①漁業権又ハ漁業会（特別漁業会を除ク）ノ会員ノ漁業ヲ為スノ権利ヲ侵害シタル者ハ五百円以下ノ罰金ニ処ス

②　前項ノ罪ハ告訴ヲ待テ之ヲ論ス

漁業権と漁業権の行使権とは全く別箇のものであって、既に配置してある蛸壺を侵害する虞があったとしても、これは決して専用漁業権の侵害ではなく、漁業の行使権を侵害することとなるだけである。

（総覧八三〇頁・刑録二二輯三〇号一六一六頁）

第三節　両罰規定（一四五条）

七―三―一　漁業法第一四〇条にいう「犯人」には、同法第一四五条のいわゆる両罰規定の適用を受ける事業主を含むか。

札幌高裁刑、昭和五六年(う)第二二号

昭五六・四・二四判決、棄却

一審　釧路地裁

関係条文　漁業法一三八条・一四〇条・一四五条

漁獲物等の没収を規定した漁業法第一四〇条の「犯人」には、同法第一四五条の両罰規定の適用を受ける事業主が含まれる。

（総覧八三三頁・時報一〇二二号一三五頁）

第百四十五条　法人の代表者又は法人若しくは人の代理人、使用人その他の従事者が、その法人又は人の業務又は財産に関して、第百三十八条、第百三十九条、第百四十一条、第百四十三条第一項又は前条第一号若しくは第二号の違反行為をしたときは、行為者を罰する外、その法人又は人に対し、各本条の罰金刑を科する。

第二部

水産資源保護法

第一章　水産動植物の採捕制限等

第一節　水産動植物の採捕制限等に関する命令（四条）

(一)　北海道漁業調整規則

一—一—一　北海道海面漁業調整規則第四三条第三項に規定する漁業権を有する者の同意書を添えないで行った漁場内の岩礁破砕等の許可の申請に対し、知事がこれを却下処分にしたことの適否

札幌高裁刑、昭和五三年(ネ)第八一号

昭五三・一二・一二判決、棄却

一審　札幌地裁

関係条文　水産資源保護法四条一項五号、北海道海面漁業調整規則一条・四三条

知事が、当該漁場に係る漁業権を有する者が同意を拒否したことには正当な理由があると認めた場合において、本件申請が北海道海面漁業調整規則第四三条第三項に規定する同意書の添付という手続要件を欠如するものとして同申請を却下処分を行っても違法ではない。

（総覧八四八頁）

第四条　農林水産大臣又は都道府県知事は、水産資源の保護培養のために必要があると認めるときは、左に掲げる事項に関して、省令又は規則を定めることができる。

一　水産動植物の採捕に関する制限又は禁止

二　水産動植物の販売又は所持に関する制限又は禁止

三　漁具又は漁船に関する制限又は禁止

四　水産動植物に有害な物の遺棄又は漏せつその他水産動植物に有害な水質の汚濁に関する制限又は禁

一―一―二　北海道海面漁業調整規則第四三条により岩礁破砕等の許可申請書に添付を要求されている漁業権者の同意書の添付は、右許可申請の手続的要件であるか

札幌地裁民、昭和五〇年(ワ)第一四三〇号
昭五三・二・二三判決、棄却
関係条文　水産資源保護法四条一項、北海道海面漁業調整規則四三条
　　　　　北海道内水面漁業調整規則二五条

北海道海面漁業調整規則第四三条により岩礁破砕等の許可申請書に添付を要求されている漁業権者の同意書の添付は、右許可申請の手続的要件であっ

止
五　水産動植物の保護培養に必要な物の採取又は除去に関する制限又は禁止
六　水産動植物の移植に関する制限又は禁止
2　前項の規定による省令又は規則には、必要な罰則を設けることができる。
（以下略）

〈北海道海面漁業調整規則〉
第四十三条　知事が水産動植物の保護培養上必要と認めて指定した海岸、第四十二条に規定する禁止区域、第三十四条に規定する保護水面又は漁業権の設定されている漁場内において、岩礁、岩石若しくは沈船を破砕し、又は岩石若しくは土砂を採取しようとする者は、知事の許可を受けなければならない。

て原則としてこれを添付すべきであり、例外的に漁業権者の同意拒否が同意権の乱用にわたり、又は、拒否を正当ならしめる理由が存在しないと認められるような場合に限ってその不同意の事情を記載した書面の提出によって右手続要件を充足させることができる。

（訟務二四巻四号八三三頁）

一―一―三　北海道海面漁業調整規則第四三条により岩礁破砕等の許可申請書に添付を要求されている漁業権者の同意書に代えて漁業権者の同意書を添付できない旨の理由書を添付した右申請について、漁業権者の同意拒否について正当事由が存在するものと認められるので、漁業手続要件を欠くものとして右申請を却下した手続に違法はないとされた事例

札幌地裁民、昭和五〇年(ワ)第一四三〇号

昭五三・二・二三判決、棄却

関係条文　水産資源保護法四条一項、北海道海面漁業調整規則四三条

　　北海道内水面漁業調整規則二五条

本件申請通りに土砂を採取する場合には地曳網漁業の操業を直接阻害し、漁業権者の現在における生活利益を侵害するだけでなく、海底の地形の変化等により、爾後の地曳網漁業その他の漁業の操業に重大な影響を及ぼすおそれがあるとみられるところであり、且つ、海峡の変更の際にはその復元が容易でない事態に鑑みると、本件申請に対し漁協が同意を拒否したことには正

2　漁業権の設定されている漁場内において、前項の規定により許可を受けようとする者は、前項の申請書のほかに当該漁場に係る漁業権を有する者の同意書を添えて知事に提出しなければならない。

3　前項の場合において、第一項の規定により許可を受けようとする者は、漁業権を有する者が、砂れき等の採取により水産資源の保護培養上通常支障がないにもかかわらず、又はその他正当な理由がないのに、同意を与えない場合には、その事情を記載した書面をもって同意書に代えることができる。

4　前項の場合において、第一項の規定により許可を受けようとする者が同意書に代えてその事情を記載した書面を提出したときは、知事は、当該許可申請書及び当該漁業権者から事情を聴取のうえ、必要と認める場

当な理由があったものといわざるを得ない。そして、北海道日高支庁長も現地を調査したり、関係者から事情を聴取のうえ協議を重ね、漁協の不同意には右のような正当な理由があるものと認め、本件申請書は、海面規則の定める同意書の添付という手続要件を欠如するものとして同申請を却下し、申請書を返戻しているところであるから、右支庁長による右却下処分の手続に違法のかどはない。

（訟務三四巻四号八三三頁）

一―一―四　北海道漁業取締規則に基づく禁漁区と漁業権との関係

東京高裁刑、昭和二三年(れ)第一一五〇号

昭二三・二・一六判決、棄却

一審　函館区裁　二審　函館地裁

関係条文　旧漁業法五条（現六条）、北海道漁業取締規則三五条、三六条、漁業法施行規則三三条

北海道庁長官が禁漁区（漁業権に基づく場合除外）と指定した場所が、同時に鰛地曳網の専用漁業権の許容区域内である場合には、右専用漁業権者といえども、鰛以外の魚たる鮭を捕獲する目的をもって鰛地引網を使用して鮭を捕獲することは、北海道漁業取締規則に違反する行為である。

（総覧四七頁・高裁刑集一巻一号二九頁）

一―一―五　北海道漁業取締規則第三五条第一項第九号所定の鈎の解釈

合は、協議を命ずることができる。

5　知事は、第一項の許可をしたときは、当該申請者に許可証を交付する。

〈北海道漁業取締規則〉

第三十五条　魚類ノ蕃殖ヲ保護スル為

大審院刑、昭和九年(れ)第五三五号
昭九・六・二一判決、棄却
一審　旭川区裁　　二審　旭川地裁
関係条文　旧漁業法三四条（現水産資源保護法四条）、北海道漁業取締規則三五条一項（現　　条）

北海道漁業取締規則第三五条第一項第九号にいわゆる鈎とは、本来の鈎は勿論他の器具といえどもこれを鈎として使用した場合をも包含する。
（総覧八六三頁・刑集一三巻一一号八四三頁）

㈡　茨城県漁業調整規則

一一一六　水産資源保護法第四条が都道府県知事に対し罰則を制定する権限を賦与したことは、憲法第三一条に違反するものではない。

最高裁二小刑、昭和四八年(あ)第一三六五号
昭四九・一二・二〇判決、棄却
一審　水戸簡裁　　二審　東京最裁
関係条文　憲法一三条・三一条、漁業法六五条、水産資源保護法四条、茨城県内水面漁業調整規則二七条、三七条一項

憲法第三一条はかならずしも刑罰がすべて法律そのもので定められなければならないとするものではなく、法律の具体的授権によってそれ以下の法令によって定めることができると解する。

指定シタル河川湖沼ニ於テハ別ニ定ムル期間左ノ漁具、漁法ニ依リ水産動物ヲ採捕スルコトヲ禁ス但シ漁業権ニ依ルモノ及特ニ採捕又ハ漁業ノ許可ヲ受ケタルモノハ此ノ限ニ在ラス

九　鈎（八ツ目鰻ヲ除ク）

〈茨城県内水面漁業調整規則〉

第二十七条　次の各号に掲げる漁具又は漁法により水産動植物を採取してはならない。

(4)　かさねさし網（二枚以上の網地をかさね合わせ、又はからませてする漁具をいう。）

（以下略）

水産資源保護法第四条は水産資源の保護培養のため必要があると認める事項に関して、その内容を限定して、罰則を制定する権限を都道府県知事に賦与しているところ、右茨城県内水面漁業調整規則第二七条の規定が憲法第三一条に違反しないことは、明らかである。

（総覧四九二頁・裁判集刑一九四号四二五頁）

㈢　愛知県漁業調整規則

一―一―七　愛知県漁業調整規則第三二条第一項にいう「水産動植物に有害な物」の解釈

名古屋地裁刑、昭和四五年(わ)第一四九二号等

昭四七・一二・二五判決、確定

関係条文　漁業法六五条一項、水産資源保護法四条一項、愛知県漁業調整規則三二条一項、港則法一条・二四条一項、海洋汚染防止法三条八号

油槽所の重油タンクの底に残留していた重油と土砂、塵芥等に相当多量の石鹸水等を混入した油性混合物が、愛知県漁業調整規則第三二条第一項にいう水産動植物に有害な物にあたる。

（総覧八六七頁・刑裁月報四巻一二号二〇一二頁）

第二節　爆発物による採捕の禁止（五条）

一―二―一　水産資源保護法第五条にいう「採捕」の意義

〈愛知県漁業調整規則〉

第三十二条　水産動植物に有害な物を遺棄し、又は漏せつしてはならない。

（以下略）

第五条　爆発物を使用して水産動植物

長崎地裁厳原支部刑、昭和四一年(わ)第七号

昭四一・三・九判決、確定

関係条文　水産資源保護法五条

水産資源保護法第五条に「爆発物を使用し水産動植物を採捕してはならない」という意義は、同法の立法趣旨が水産動植物の種族の絶滅を防ぐ危険な漁法を制限し、水産資源の保護、培養を図りその効果を将来にわたつて維持せんとするにあるので、爆発物を使用しその箇所に棲息していた「チヌ」の生命を奪い浮上らせた以上、一般的見解としては生命力ある「チヌ」を採捕したと言うべく、死体となつた「チヌ」を現実に拾い集めて握有すると否とを問わぬものと解するを相当とする。

（総覧八七九頁・下裁刑集八巻三号四六三頁）

一―二―二　改正前の漁業法第六八条、第七〇条にいう「採捕」の意義

福岡高裁刑、昭和二五年(う)第二四七五号

昭二六・六・二〇判決、一部棄却、一部破棄自判

一審　長崎地裁厳原支部

関係条文　改正前の漁業法六八条（現水産資源保護法五条）・同七〇条（現七条）

水産動植物を採捕する目的で爆発物を使用したときは、これを採捕しなくても、漁業法（昭和二六年法律第三一三号による改正前のもの）第六八条、第七〇条にいわゆる「採捕」と解するのが相当である。

を採捕してはならない。但し、海獣捕獲のためにする場合は、この限りではない。

〈昭和二六年法律第三一三号による改正前の漁業法〉

第六十八条　爆発物を使用して水産動植物を採捕してはならない。但し、海獣捕獲のためにする場合は、この限りでない。

旧三十六条　爆発物ヲ使用シテ水産動植物ヲ採捕スルコトヲ得ス但シ海獣捕獲ノ為ニスル場合ハ此ノ限リニ在ラス

（総覧八八一頁・高裁刑集四巻八号九四七頁）

一—二—三　改正前の漁業法第六八条にいう「水産動植物を採捕」したものの解釈

最高裁一小刑、昭和二六年(あ)第四二七〇号

昭二九・三・四判決、棄却、

一審　長崎地裁厳原支部　二審　福岡高裁

関係条文　改正前の漁業法六八条・六九条・七〇条（現水産資源保護法五条・七条）

一　魚類を捕獲するために爆発物を使用し、魚類を容易に捕捉し得る状態に置くにおいては、現実にこれを拾い集めて取得すると否とを問わず、漁業法（昭和二六年一二月一七日法律第三一三号による改正前のもの）第六八条にいわゆる「水産動植物を採捕」したものと解するのを相当とする。

二　他人が魚類捕獲のために爆発物を使用して魚類を死に致らしめた場合において、その情を知りながら浮んでいる魚類を拾い集めて所持することは、同法第七〇条にいわゆる前記第六八条の規定に違反して採捕した水産動植物を所持することに該当する。

（総覧八八三頁・裁判集刑八巻三号二二八頁）

一—二—四　改正前の漁業法第六八条の採捕罪が成立し、同法第七〇条の所持罪が成立しない場合

福岡高裁刑、昭和二七年(う)自第五一号至第五三号
昭二七・四・一八判決、破棄自判
関係条文　改正前の漁業法六八条・六九条・七〇条（現水産資源保護法五条・七条）

海上において魚類を採捕する目的で爆発物を使用した者が、へい死した魚類を船内にすくい上げ積載して所持した場合、そのすくい上げの行為が漁業法（昭和二六年法律第三一三号による改正前のもの）第六八条所定の採捕罪に、またすくい上げて船内に積載して所持した行為が同法第七〇条所定の所持罪に各々該当するものではなく、右積載所持の行為は当然同法第六八条所定の採捕行為に包合され、右の一連の行為が同法所定の採捕罪を構成するものと解すべきである。

（総覧八八七頁・高裁刑集五巻四号六一六頁）

一一二五　資格のない者がダイナマイトを所持し、これを使用して魚類を採捕した場合の罪則の適用

大審院刑、昭和六年(れ)第七三一号
昭六・七・二一判決、棄却
一審　那覇区裁　　二審　那覇地裁
関係条文　旧漁業法三六条（現水産資源保護法五条）、銃砲火薬類取締法施行規則二二条・四五条

資格のない者がダイナマイトを所持し、これを使用して魚類を採捕した場

合は、銃砲火薬類取締法施行規則第二二条及び旧漁業法第三六条に違反するものである。（総覧八八九頁・刑集一〇巻三四七頁）

一―二―六　水産動植物採捕のための爆発物の禁止は、漁業者のみに限らない。

大審院刑、大正一〇年(れ)第一四七二号
大一一・一〇・八判決、棄却
一審　竹田区裁　二審　大分地裁
関係条文　旧漁業法三六条（現水産資源保護法五条）、旧漁業法施行規則四六条（現水産資源保護法六条）

一　漁業法第三六条の規定は、水産動植物採捕のために爆発物を使用した者が漁業者であると否とを問わず適用せられるものである。

二　爆発物は、漁業法施行規則第四六条に規定されている有毒物には該当しない。（総覧八九二頁・刑集一巻六五〇頁）

一―二―七　旧漁業法第三六条にいう「水産動植物の採捕」の意義

大審院刑、明治四五年(れ)第二〇八号
明四五・三・二二判決、一部破棄自判
一審　長野地裁松本支部　二審　東京控訴院

関係条文　旧漁業法三六条（現水産資源保護法五条）

漁業法第三六条は、水産動植物の蕃殖保護を目的とするものであるから水産動植物の採捕に付ては、営利の目的であると否とを問わず爆発物の使用を一切禁じたものといわざるを得ない。

（総覧八九三頁・刑録一八輯六巻三六一頁）

第三節　有毒物による採捕の禁止（六条）

一―三―一　川魚をとるつもりで、上流において青酸カリを投入した結果、その水流から引水されていることを知らなかつた養鱒場の鱒が死滅した場合と器物毀棄罪の成否

福井地裁刑、昭和三七年(わ)第二五七号

昭三八・七・二〇判決、確定

関係条文　水産資源保護法六条・三六条、刑法三八条・二六一条

構成要件の内容たる事実について全く認識のない場合には故意の阻却せられることは勿論であり、被告人等において一乗谷川の水流が養鱒場に引水されていることに気づかず、したがつて養鱒場の鱒を死なせる認識ないし予見の全くない被告人等に対し器物毀棄の結果につき過失の有無はとにかく故意責任をもつて論ずることは失当である。

（総覧八九五頁・下裁刑集五巻七号七五〇頁）

第六条　水産動植物をまひさせ、又は死なせる有毒物を使用して、水産動植物を採捕してはならない。但し、農林水産大臣の許可を受けて、調査研究のため、漁業法第百二十七条に規定する内水面において採捕する場合は、この限りでない。

〈昭和二六年法律第三一三号による改正前の漁業法〉

第六十九条　水産動植物をまひさせ又は死なせる有毒物を使用して水産動植物を採捕してはならない。但し、主務大臣の許可を受けて、調査研究

一―三―二　旧漁業法施行規則第四六条にいう採捕の意義

大審院刑、大正一五年(れ)第一五一六号
大一五・一一・五判決、棄却
一審　静岡区裁
関係条文　旧漁業法施行規則四六条・四七条（現水産資源保護法六条・七条）

漁業法施行規則第四六条にいわゆる水産動物の採捕とは、捕獲の目的をもつて有毒物を使用した者が、現実にその動物を占有した場合のみならず、有毒物の使用により動物を疲憊斃死させて容易に捕捉し得る状態に置いた場合をも指称するものである。

（総覧八九九頁・刑集五巻一一号四九七頁）

一―三―三　「有毒物を使用して水産動植物を採捕する」の意義

大審院刑、大正一三年(れ)第二三五三号
大一四・三・五判決、棄却
一審　大館区裁　　二審　秋田地裁
関係条文　旧漁業法施行規則四六条・四七条（現水産資源保護法六条・七条）

一　水産動植物を疲憊又は斃死させうる有毒物を使用して水産動植物採捕の方法を行った以上、実際これを採捕したと否とを問わず漁業法施行規則第四六条の犯罪を構成する。

のため、第百二十七条に規定する内水面において採捕する場合は、この限りでない。

旧施行規則四十七条　漁業法第三六条又ハ前条ノ規定ヲ犯シ採捕シタル水産動植物ハ之ヲ所持又ハ販売スルコトヲ得ス

二　有毒物の使用による水産動植物採捕の場合においては、自ら有毒物を使用したと否とを問わずこれを採捕所持したものは同規則第四七条に違反したるものである。

（総覧八九九頁・刑集四巻二号一二一頁）

第四節　所持、販売の禁止（七条）

一―四―一　改正前の漁業法第七〇条にいう「所持」の意義

最高裁三小刑、昭和二八年(あ)第七九〇号

昭三〇・二・一五判決、棄却

一審　長崎地裁　　二審　福岡高裁

関係条文　改正前の漁業法六八条・六九条・七〇条（現水産資源保護法五条・七条）

漁業法第七〇条（昭和二六年法律第三一三号による改正前のもの）の「所持」には、他人が魚類捕獲のため爆発物を使用して魚類を死に至らしめた場合に、その情を知りながら浮んでいる魚類を拾い集めて所持することをも含む。

（総覧九〇〇頁・裁判集刑一〇七号七一一頁）

一―四―二　他人が爆発物を使用して死に致らしめた魚類を知りながら、それを所持することは違法である。

最高裁一小刑、昭和二六年(あ)第四二七〇号

第七条　前二条の規定に違反して採捕した水産動植物は、所持し、又は販売してはならない。

〈昭和二六年法律第三一三号による改正前の漁業法〉

第七十条　前二条の規定に違反して採捕した水産動植物は、所持し、又は販売してはならない。

旧施行規則四十七条　水産動植物ヲ疲憊又ハ斃死セシムヘキ有毒物ヲ使用シテ水産動植物ヲ採捕スルコトヲ得ス

昭二九・三・四判決、棄却

一審 長崎地裁厳原支部 二審 福岡高裁

関係条文 改正前の漁業法六八条・六九条・七〇条（現水産資源保護法五条・七条）

他人が魚類捕獲のために爆発物を使用して魚類を死に至らしめた場合において、その情を知りながら浮んでいる魚類を拾い集めて所持することは、改正前の漁業法第七〇条（現水産資源保護法七条）にいわゆる前記第六八条（同五条）の規定に違反して採捕した水産動植物を所持することに該当する。

（総覧八八三頁・裁判集刑八巻一二号二二八頁）

一―四―三 水産資源保護法第七条の法意

広島高裁岡山支部、昭和二八年(う)第八号

昭二九・三・一六判決、破棄自判

一審 林野簡裁

関係条文 水産資源保護法七条

水産資源保護法第七条に違反する犯罪を構成するためには、漁獲の目的で毒物を使用してまひさせ、又は死なせて採捕した魚類であることを認識しながら、之を所持することを要する。

（総覧九〇二頁・高裁刑特報三一号八五頁）

一―四―四 改正前の漁業法第七〇条にいう「採捕」の意義

最高裁二小刑、昭和二六年(あ)第四五一八号
昭二八・七・三一判決、棄却
一審　長崎地裁厳原支部　　二審　福岡高裁
関係条文　旧漁業法七〇条（現水産資源保護法七条）

昭和二六年一二月一七日法律第三一三号による改正前の漁業法第七〇条にいわゆる「採捕」とは、水産動植物を採取捕獲する目的で有毒物又は爆発物を使用した者が、現実にその動植物を取得占有するに至った場合のみに止まらず、有毒物又は爆発物の使用により動植物を疲憊斃死せしめ容易に捕捉し得る状態に置いた場合をも指称するものと解するのが相当である。

（総覧九〇三頁・裁判集刑七巻七号一六六六頁）

一―四―五　旧漁業法施行規則第四七条の合憲性

最高裁大刑、昭和二四年新(れ)第四二三号
昭二五・一〇・一一判決、棄却
一審　長崎地裁厳原支部　　二審　福岡高裁
関係条文　旧漁業法施行規則四七条（現水産資源保護法七条）

水産動植物の繁殖保護をはかることは水産業のために必要なことであるから、これを乱獲し、又はこれが繁殖を妨げるような手段でこれを採捕することを禁止するのは、公共の福祉の要請として当然である。漁業法及び漁業法施行規則において、爆発物又は有毒物を使用して水産動植物を採捕することを禁止しているのは、右の趣旨に出たことである。そうしてこのような禁止

の効果を確実にし取締を徹底させるためには、右のような手段による採捕の行為を禁止するのみならず、この禁止を犯して採捕された水産動植物を所持することおも禁止し処罰する必要がある。のみならずこのような方法によって斃死した水産動植物は、食用として人体に有害な場合があるので、衛生上からその所持を禁止する必要もないとは言えない。漁業法施行規則第四七条（現水産資源保護法第七条）は、以上のような趣旨により、爆発物又は有毒物を使用して採捕した水産動植物の所持を禁止しているのであるから、この規定は公共の福祉の要請に基づくものと認められる。なるほど個々の場合についてみれば、右の水産動植物の所持の禁止が無用なことのように思われる場合もあろうが、これは全体として高い立場から観れば、右の禁止規定が公共の福祉のために必要なものであることは明らかである。従って所論のようにこの規定を憲法第一三条に違反するものということはできない。

（総覧九〇七頁・最高裁刑集四巻一〇号二〇二九頁）

一―四―六　旧漁業法第三六条の採捕行為と同法施行規則第四七条の所持行為との関係

福岡高裁刑

昭二五・四・一七判決、破棄自判

一審　長崎地裁厳原支部

関係条文　旧漁業法三六条（現水産資源保護法五条）、旧漁業法施行規則四七条（現水産資源保護法七条）

爆発物を使用して魚類を斃死させた者がその直後これを船内にすくいあげて所持していたとしても、その所持自体は爆発物を使用して不法に採捕したものの、事後処分にすぎないから罪とならないものといわねばならない。

（総覧九一一頁・高裁刑特報九巻一一三頁）

一―四―七　旧漁業法施行規則第四七条にいう「所持」の意義

福岡高裁刑

昭二五・二・二〇判決、棄却

一審　長崎地裁厳原支部

関係条文　旧漁業法三六条（現水産資源保護法五条）、旧漁業法施行規則四七条（現水産資源保護法七条）

海中で爆発物の為斃死させた魚類を網で取り囲んだ以上、その魚類は既に被告人等において自由に処分し得る状態にあり、従つてこれを船中に掬い取る行為を待たずして同条犯罪の構成要件の一であるいわゆる所持は、これによつて既に充足されたものと解するを相当とする。

（総覧九一二頁・高裁刑特報五巻五〇頁）

一―四―八　旧漁業法施行規則第四七条の所持禁止は、その所持の原由を問わない。

大審院刑、大正九年㋹第一九三号

大九・一〇・三〇判決、棄却

一審　厳原区裁　二審　長崎地裁

関係条文　旧漁業法三六条（現水産資源保護法五条）、旧漁業法施行規則四七条（現水産資源保護法七条）

旧漁業法施行規則第四七条は単に採捕者本人のみでなく、その他何人に対しても犯則により採捕した水産物の所持販売を禁止する取締規定であつて、又その所持の原由の如何を区別するものではない。（総覧九一三頁・刑録二六輯二一号七七二頁）

第二章　さく河魚類の保護培養

第一節　内水面におけるさけの採捕の禁止（二五条）

二—一—一　水産資源保護法第二五条にいう「採捕」の意義

最高裁三小刑、昭和四五年(あ)第九五〇号
昭四六・一一・一六判決、破棄差戻
一審　水戸簡裁　　二審　東京高裁
関係条文　水産資源保護法四条・二五条、茨城県内水面漁業調整規則二七条

一　茨城県内水面漁業調整規則第二七条にいう採捕とは、禁止漁具の使用による採捕行為を意味する。

二　水産資源保護法第二五条にいう「採捕」には、現実の捕獲のみならず、さけを捕獲する目的で河川下流において、かさねさし網を使用する行為も含まれる。

（総覧九一八頁・最高裁刑集二五巻八号九六四頁）

二—一—二　水産資源保護法第二五条にいう「採捕」の意義（その二）

東京高裁刑、昭和四四年(う)第一三一四号
昭四五・四・三〇判決、棄却

第二十五条　漁業法第八条第三項に規定する内水面においては、さく河魚類のうちさけを採捕してはならない。但し、漁業の免許を受けた者又は漁業法第六十五条第一項及びこの法律の第四条の規定に基く省令若しくは規則の規定により農林水産大臣若しくは都道府県知事の許可を受けた者が、当該免許又は許可に基いて採捕する場合は、この限りでない。

〈茨城県内水面漁業調整規則〉

第二十七条　次の各号に掲げる漁具又は漁法により水産動植物を採取してはならない。

(4)　かさねさし網（二枚以上の網地をかさね合わせ、又はからませてする

一審　水戸簡裁

関係条文　水産資源保護法二五条・三七条四号

漁具、漁法を具体的に掲げて禁止する規定にいう「採捕してはならない」という場合の採捕とは、当該漁具、漁法の使用による採捕行為を意味する。

（総覧九三八頁・時報六一一号九二頁）

二―一―三　水産資源保護法第二五条にいう「採捕」の意義（その三）

東京高裁刑、昭和四四年(う)第六一六条、六一七、八九八号

昭和四四・一〇・二〇判決、破棄自判

一審　水戸簡裁

関係条文　水産資源保護法二五条・三七条四号

採捕とは、採捕行為を指称し、現実に魚類を採捕したか否か、あるいはこれを捕捉しうる状態において実力的支配内に帰属するに至らしめたか否かは問うところではないと解するのが相当である。

（総覧九四二頁・時報五九二号一〇一頁）

漁具をいう。）

（以下略）

第三部

外国人漁業の規制に関する法律

第一章　漁業等の禁止

第一節　漁業等の禁止（三条）

一―一―一　直線基線設定により日本の領水となった海域において韓国漁船船長が行った漁業行為について、日本の取締り及び裁判権管轄は旧日韓漁業協定によって制約されるものではないとされた事例

長崎地裁刑、平成一〇年(わ)第一五号

平一〇・六・二四判決、有罪・控訴

関係条文　外国人漁業の規制に関する法律九条一項・三条、領海及び接続水域に関する法律二条、同施行令二条一項、日本国と大韓民国との間の漁業に関する協定及び関係文書（旧日韓漁業協定）前文・一条一項・四条一項、海洋法に関する国際連合条約三条・七条

日本の領水における主権行使としての取締り及び裁判管轄権は、日韓漁業協定の規定及びその趣旨によって制約されるものではない。

（総覧続巻二九七頁・タイムズ九九九号二七九頁）

一―一―二　領海及び接続水域に関する法律第一条、第二条、同法施行令第二条第一項により領海となった海域における違法行為に対する裁

第三条　次に掲げるものは、本邦の水域において漁業、水産動植物の採捕（漁業に該当するものを除き、漁業等付随行為を含む。以下同じ。）、採捕準備行為又は探査を行つてはならない。ただし、その水産動植物の採捕が農林水産省令で定める軽易なものであるときは、この限りでない。

一　日本の国籍を有しない者。ただし、適法に本邦に在留する者で農林水産大臣の指定するものを除く。

二　外国、外国の公共団体若しくはこれに準ずるもの又は外国法に基づいて設立された法人その他の団体

判権の行使と日本国と大韓民国との間の漁業に関する協定（昭和四〇年条約第二六号）第四条第一項

最高裁三小刑、平成一〇年（あ）第一一三七号
平一一・一一・三〇決定、上告棄却
一審　松江地裁　二審　広島高裁
関係条文　外国人漁業の規制に関する法律三条一号・九条一項一号、領海及び接続水域に関する法律一条・二条、領海及び接続水域に関する法律施行令二条一項、日本国と大韓民国との間の漁業に関する協定（平成一一年一月二二日失効前）一条・四条一項

被告人が平成九年六月九日外国人漁業の規制に関する法律第三条第一号に違反して漁業を行ったとされる本件海域は、領海及び接続水域に関する法律第一条、第二条、同法施行令第二条第一項により、同年一月一日以降新たに我が国の領海であるから、右海域における違法行為に対する我が国の裁判権の行使が日本国と大韓民国との間の漁業に関する協定（昭和四〇年条約第二六号、平成一一年一月二二日失効前のもの）第四条第一項により制限されるものではない。

（総覧続巻三〇二頁・タイムズ一〇一七号一一四頁）

一—一—三　領海及び接続水域に関する法律及び同法律施行令第二条第一項が施行されたことにより新たに日本の領海となった海域における

第九条　次の各号の一に該当する者は、三年以下の懲役若しくは四百万円以下の罰金に処し、又はこれを併科する。
一　第三条の規定に違反した者
二　第四条第一項の規定に違反して同項の許可を受けないで外国漁船を寄港させた船長
二の二　第四条の二の規定に違反した船長
三　第五条の規定による命令に違反した船長
四　第六条第一項から第三項まで又は第五項の規定に違反した船長
2　前項の場合においては、犯人が所有し、又は所持する漁獲物等、船舶又は漁具その他漁業、水産動植物の採捕、採捕準備行為若しくは探査の用に供される物は、没収することができる。ただし、犯人が所有していたこれらの物件の全部又は一部を没

日本の取締り及び裁判管轄権の行使は、日韓漁業協定により何ら制限されるものではないとして、原審の公訴棄却の判決を破棄し差戻した事例

広島高裁刑、平成九年(う)第三二号

平一〇・九・一一判決、破棄差戻し（上告）

一審　松江地裁浜田支部

関係条文　外国人漁業の規制に関する法律三条一号・九条一項一号、領海及び接続水域に関する法律二条・三条、領海及び接続水域に関する法律施行令二条一項、海洋法に関する国際連合条約三条・七条・一一一条、日本国と大韓民国との間の漁業に関する協定一条一項・四条一項

一　沿岸国がその領海に自らの主権を行使し得ることは国際法上確立された原則であり、本件海域が日本の領海にある以上、これに対して日本の裁判管轄権が及ぶのは当然のことである。

二　日韓漁業協定は国際法上の「漁業水域」についての取り決めであり、公海だけに限定した取り決めであって領海を規制対象としたものではないのであるから、同協定第四条第一項が領海における主権の行使を制限する規定であるとの解釈は、これを受け入れる余地がない。

（総覧続巻三〇八頁・高裁速報平成一〇年二号一〇六頁・時報一六五六号五六頁）

収することができないときは、その価額を追徴することができる。

第四部

水産業協同組合法

第一章　総　　則

第一節　法律の目的（一条）

一―一―一　真珠養殖を営む法人企業の漁業従事者が水協法第一条にいう漁民であり、他面で労働基準法の適用を受ける企業労働者であったとしても、漁業協同組合正組合員たる資格を有するとした事例

福岡高裁民、昭和五七年(ネ)第二四六号
昭五九・五・一七判決、棄却
一審　熊本地裁
関係条文　水協法一条・一〇条・一八条

真珠養殖を営む法人企業の漁業従事者が、水協法第一条にいう漁民であり、他面で労働基準法の適用を受ける企業労働者であったとしても、漁業協同組合正組合員たる資格を有する。

（総覧九四七頁・タイムズ五三二号一六八頁）

第二節　組合の目的（四条）

一―二―一　漁業協同組合は、民法第一七三条第一号にいう生産者又は卸売人に当るか。

最高裁第二小民、昭和二九年(オ)第一〇九七号

第一条　この法律は、漁民及び水産加工業者の協同組織の発達を促進し、もつてその経済的社会的地位の向上と水産業の生産力の増進とを図り、国民経済の発展を期することを目的とする。

第四条　組合は、その行う事業によつてその組合員又は会員のために直接の奉仕をすることを目的とする。

昭四三年・三・一〇判決、棄却

一審 函館地裁 二審 札幌高裁函館支部

関係条文 水協法四条・五条・一七条、民法一七三条

漁業協同組合は、民法第一七三条第一号にいう生産者又は卸売商人に当らない。

（総覧九五一頁・最高裁民集二二巻三号二九五頁）

第三節 組合の人格（五条）

一—三—一 漁業協同組合に組合員として加入するについて理事会の決議を要する場合に、組合の代表機関が組合を代表して承諾することの可否

最高裁三小民、昭和三二年(オ)第一一三六号

昭三七・一一・一六判決、棄却

一審 金沢地裁輪島支部 二審 名古屋高裁金沢支部

関係条文 水協法五条

水産業協同組合法第五条に基づく法人である漁業協同組合に、組合員として加入する場合における加入の承諾は、法人の意思決定機関がなすべきもので、法人の代表機関が法人を代表してなしうる事項ではないと解するのが相当である。

（総覧一〇二七頁・最高裁民集一六巻一一号一頁）

第五条 組合は、法人とする。

第二章　漁業協同組合

第一節　組合員たる資格（一八条）

二—一—一　公務員を兼業する漁民について漁業協同組合の組合員資格の喪失にあたらないとされた事例

長崎地裁民、昭和五五年(ワ)第一三号、昭和五七年(ワ)第二七五号
昭五九・八・三一判決、第一三号認容、第二七五号一部容認
関係条文　水協法一〇条二項・一八条一項一号、地方公務員法三八条、民法七一〇条・七一九条

一　適法に公務員を兼業する漁民は、漁業協同組合の組合員資格の喪失にあたらない。
二　漁業協同組合及びその役員等が組合員を除籍するためなしたいやがらせ等は不法行為にあたる。

（総覧九六二頁・タイムズ五四〇号二三六頁）

二—一—二　渡船業を兼業する漁民について漁業協同組合の正組合員たる資格が認められた事例

松江地裁、昭和六二年(ワ)二六号
平三・二・二一判決、一部認容、一部棄却

第十八条　組合の組合員たる資格を有する者は、次に掲げる者とする。
一　組合の地区内に住所を有し、かつ、漁業を営み又はこれに従事する日数が一年を通じて九十日から百二十日までの間で定款で定める日数を超える漁民
二　当該組合の地区内に住所又は事業場を有する漁業生産組合
三　当該組合の地区内に住所又は事業場を有する漁業を営む法人（組合及び漁業生産組合を除く。）であつて、その常時使用する従業者の数が三百人以下であり、かつ、その使用する漁船（漁船法（昭和二十五年法律第百七十八号）第二条

関係条文　水協法二〇条・一八条・三二条

水協法は渡船業と漁業との兼業を禁じていない上、他にこれを禁ずる法令もないところ、右兼業が不可能とはいえないし、また渡船業者と漁業者を兼ねることが相容れないとはいい難い。そうすると、右兼業は、営業の自由に照らし一般的には可能であり、渡船業者についてもその出漁方法等いかんによつては漁業を営む漁民と認めて妨げないというべきである。したがつて、定款で定められた日数を超えて漁業を営んだ場合は正組合員の地位を有するものと認められる。

（総覧続巻三一一頁・時報一三九九号一二〇頁）

二―一―三　水産業協同組合法第一八条第五項所定の准組合員は、補償金の分配にあずかれないこともありうる。

最高裁一小民、昭和四七年(オ)第一〇二四号

昭四八・一一・二二判決、棄却

関係条文　水協法一八条五項、漁業法六条、民法七〇九条

水産業協同組合法第一八条第五項所定のいわゆる准組合員は、必ずしも漁業を営むものではないから、組合が漁業権をもつている場合に、そこの準組合員となつたからとて、右漁業権につき、必ずしも権利をもつことになるものでないことは明らかであろう。したがつて、漁業権につき補償金の交付があつたからとて、これらの者が補償金の分配にあずかれないことがありうることも明らかである。

第一項に規定する漁船をいう。以下同じ。）の合計総トン数が千五百トンから三千トンまでの間で定款で定めるトン数以下であるもの

（2～4略）

5　組合は、前各項に規定する者のほか、次に掲げる者であつて定款で定めるものを組合員たる資格を有する者とすることができる。

一　前各項の規定により当該組合の組合員たる資格を有する者以外の漁民又は河川において水産動植物の採捕若しくは養殖をする者

一の二　前各項又は前号の規定による組合員と世帯を同じくする者その他当該組合の施設を利用することを相当とする者として政令で定める個人

二　当該組合の地区内に住所又は事業場を有する漁業を営む法人（組合及び第一項第二号若しくは第三

（総覧一二九六頁・金融法務七一二号三三頁）

二―一―四　漁業協同組合の組合員資格の存否について判断した事例

津地裁四日市支部民、平成二年(ワ)第二〇七号
平一〇・三・二〇判決、一部認容、一部確定（控訴）
関係条文　（一につき）水協法一〇条・一八条・二七条一項一号
（二につき）水協法二一条一項・四九条・五一条、商法二五二条

一　原告Xらは、被告組合の正組合員であり、原告Yらは、被告組合の準組合員であると認められ、いずれも本件訴えについて確認の利益を有しているというべきである。しかしながら、原告Zについては、同原告が被告組合に加入した当時、漁業に従事していたものと認めることができない以上、たとえ現在漁業に従事しているとしても、被告組合の組合員であると認めることはできず、本件訴えについて確認の利益を有していないものといわざるを得ない。

二　本件総会決議は、被告組合の組合員とは認められない者あるいは議決権を有しない準組合員にすぎない者が相当多数出席するとともに、その多数決により、被告組合の定款に違反してその組合員とは認められない者を三名も理事に選任したものであって、もはや総会決議の体裁をなしていないほどに著しい瑕疵を帯び、法律上存在するものとは認められないというべきである。

号又は前項の規定により当該組合の組合員たる資格を有する法人を除く。）であって、その常時使用する従業者の数が三百人以下であり、かつ、その使用する漁船の合計総トン数が三千トン以下であるもの

三　当該組合の地区内に住所又は事業場を有する水産加工業者又は常時使用する従業者の数が三百人以下である水産加工業を営む法人

四　当該組合の地区の全部又は一部を地区とする組合

（総覧続巻三三四頁・タイムズ一〇〇六号二六五頁）

二―一―五　漁業協同組合の組合員たる資格の要件である「漁業を営む」とは、法律上経営の主体として実質的に漁業に参与することを意味する。

福岡高裁民、昭和五二(ネ)第四六八号

昭五五・一・二三判決、一部取消、一部控訴棄却

一審　熊本地裁玉名支部

関係条文　水協法一八条一項一号・一〇条二項

水協法第一八条第一項第一号は「漁業を営む漁民」は漁業協同組合員たる資格を有する旨規定し、同法第一〇条第二項は、「漁民」とは漁業を営む者のために水産動植物を採捕若しくは養殖に従事する個人をいうと定義するところ、右に「漁業を営む」とは、法律上経営の主体として実質的に漁業に参与することを意味すると解すべきである。

（総覧続巻三二八頁・タイムズ四一九号一一二頁）

二―一―六　水産業協同組合への加入条件を一世帯一名などと制限した組合員資格審査規定に基づく加入の制限に正当な理由がないとされた事例

福岡地裁小倉支部、平成二年(ワ)第九六六号

平四・六・一二判決、認容・確定

関係条文　水協法一八条一項一号・二五条

一世帯に一組合員しか認めないことが合理的かは問題があるところであって、むしろ、現に漁業に従事している者にそれに応じた地位を与えることは必要であろうし、当初は準組合としての加入しか認めず、一定の年限を経た後にしか組合員にしないという点も、既に長年漁業に従事した経験のある原告らにこれを画一的に適用するのは合理的とは考えられない。むしろ原告らは現に組合員である夫や父と共に漁業に従事している者であって、原告らの加入申込は、いわば実態に合わせるだけのものであって、それらの者が加入することによる影響は組合員数の増加による建て網の規制強化や漁業補償金の分配額の減少など多少はあるものの、ある程度はやむをえないというほかない。そうあれば、規定を理由に原告らの加入を拒否することには正当な理由はない。

（総覧続巻三二九頁・タイムズ八〇一号二四〇頁）

第二節　出　資（一九条）

二―二―一　水産加工業協同組合が組合員から出資額を超えて経費以外の金員を徴収することは許されないとされた事例

最高裁三小民、平成元年(オ)第一一二二号

平四・三・三判決、上告棄却

一審　神戸地裁　　二審　大阪高裁

第十九条　組合は、定款の定めるところにより、組合員に出資をさせることができる。

2　前項の規定により組合員に出資をさせる組合（以下本章において「出

関係条文　水協法一九条四項・二三条一項・九六条二項

水産加工業協同組合の組合員は、定款所定の経費を負担するほか、その出資額を限度とする有限責任を負担するにとどまるものであるから、組合が出資額を超えて経費以外の金員を組合員から徴収することは、右金員が組合の損失を補てんし組合の存続を図るのに必要なものであったとしても、右のいわゆる組合員有限責任の原則に反するものといわなければならず、その負担に同意した組合員以外の組合員から右金員を徴収することは許されないと解すべきである。

（総覧続巻三五六頁・時報一一九一号一二〇頁）

第三節　議決権及び選挙権（二一条）

二―三―一　漁業協同組合の組合員資格の存否について判断した事例

津地裁四日市支部民、平成二年(ワ)第二〇七号

平一〇・三・二〇判決、一部認容、一部確定（控訴）

関係条文　水協法二一条一項・四九条・五一条、商法二五二条

本件総会決議は、被告組合の組合員とは認められない者あるいは議決権を有しない准組合員にすぎない者が相当多数出席するとともに、その多数決により、被告組合の定款に違反してその組合員とは認められない者を三名も理事に選任したものであって、もはや総会決議の体裁をなしていないほどに著しい瑕疵を帯び、法律上存在するものとは認められないというべきである。

（総覧続巻三三四頁・タイムズ一〇〇六号二六五頁）

資組合」という。）の組合員は、出資一口以上を有しなければならない。

3　出資一口の金額は、均一でなければならない。

4　出資組合の組合員の責任は、その出資額を限度とする。

5　組合員は、出資の払込について、相殺をもって出資組合に対抗することができない。

第二十一条　組合員は、各一個の議決権並びに役員及び総代の選挙権を有する。ただし、第十八条第五項の規定による組合員（以下本章及び第四章において「准組合員」という。）は、議決権及び選挙権を有しない。

2　組合員は、定款で定めるところにより、第四十七条の五第三項（第四十三条第二項において準用する場合を含む。）の規定によりあらかじめ

第四節　加入制限の禁止（二五条）

二―四―一　「漁業補償問題が解決するまで新規加入を認めない」との総会議決を理由とする漁業協同組合の組合加入拒否は、水協法第二五条の「正当な理由」に当らない。

鹿児島地裁民、昭和五〇年(ワ)第二九七号

昭五四・七・三〇判決、一部認容

通知のあった事項につき、書面又は代理人をもつて議決権又は選挙権を行うことができる。この場合には、その組合員と世帯を同じくする者、その組合員の使用人又は他の組合員（准組合員を除く。）でなければ、代理人となることができない。

3　前項の規定により議決権又は選挙権を行う者は、これを出席者とみなす。

4　代理人は、五人以上の組合員を代理することができない。

5　代理人は、代理権を証する書面を組合に提出しなければならない。

第二十五条　組合員たる資格を有する者が組合に加入しようとするときは、組合は、正当な理由がないのに、その加入を拒み、又はその加入につき現在の組合員が加入の際に附され

関係条文　水協法二五条、民法四四条

一　漁業協同組合の定款に、組合加入の申込は書面でなすべきものとして定められた規定は有効であるので、口頭で行なつた加入申し込みは無効である。

二　「漁業補償問題が解決するまで新規加入を認めない」との総会議決を理由とする漁業協同組合の組合加入拒否は、水協法第二五条の「正当な理由」に当らない。

三　組合加入の効力の発生の時期は、定款に定められた出資金額の払込を完了した時と解すべきである。

四　加入申込を正当な理由なく拒絶したことは不法行為を構成するので、民法第四四条により、被告組合は原告に生じた精神上の損害を賠償すべき義務がある。

（総覧九六九頁・時報九四八号九九頁）

二—四—二　漁業協同組合の組合員たる資格を有する者の組合加入の申込と組合の承諾義務

最高裁一小民、昭和五五年(オ)第四九三号

昭五五・一二・一一判決、棄却

一審　熊本地裁　二審　福岡高裁

関係条文　水協法二五条

漁業協同組合の組合員たる資格を有する者が組合加入の申込をしたとき

たよりも困難な条件を附してはならない。

は、組合は、正当な理由がない限り、その申込を承諾しなければならない私法上の義務を負う。

（総覧九七五頁・時報九八九号四四頁）

第五節　組合員の脱退（二六条、二七条、二八条、二八条の二、二九条）

二―五―一　漁業協同組合員の組合に対する売買代金債務不履行が、組合員除名事由としての「組合の事業を妨げる行為をしたとき」に該当することの有無

東京高裁民、昭和四〇年(ネ)第一一四〇号

昭四二・九・二〇判決、棄却

一審　千葉地裁館山支部

関係条文　水協法二七条、商法八五条六号

漁業協同組合の准組合員である魚商が右組合から購入した漁獲物購入代金を弁済しないことが組合員の除名理由として組合定款に規定した「組合の事業を妨げる行為をしたとき」に該当すると認める。

（総覧九七七頁・東高民時報一八巻九号一三五頁）

二―五―二　漁業協同組合の組合員が死亡した場合の法律関係

千葉地裁民、昭和三六年(ワ)第二六二号

昭三九・五・二二判決、棄却

第二十六条　組合員は、六十日前までに予告し、事業年度の終において脱退することができる。

2　前項の予告期間は、定款でこれを延長することができる。但し、その期間は、一年をこえてはならない。

第二十七条　組合員は、左の事由に因って脱退する。

一　組合員たる資格の喪失

二　死亡又は解散

三　除名

2　除名は、左の各号の一に該当する組合員につき、総会の議決によってこれをすることができる。この場合には、組合は、その総会の会日から

関係条文　水協法二七条・二八条

組合員の死亡は、組合脱退の効果を生じ、組合員は、これによって、当然に組合員たるの地位を失うに至るものであるから、組合員たる地位の承継という関係は生ぜず、ただ、持分払戻請求権の承継関係が生ずるに至るだけであると解される。

（総覧九八〇頁・下裁民集一五巻五号一一三〇頁）

二―五―三　漁業協同組合の総会において定款所定の除名事由が存しないのになされた除名決議の効力

最高裁一小民、昭和四七年(オ)第一七号

昭四七・三・三〇判決、棄却

一審　神戸地裁　二審　大阪高裁

関係条文　水協法二七条・一一七条

漁業協同組合において、定款に定める除名事由が存しないのにかかわらず、総会において組合員を除名する旨の議決をした場合には、右議決はその要件を欠き当然に無効であると解すべきである。

（総覧一一五一頁・タイムズ二七七号一三八頁）

二―五―四　組合員に対する虚偽事実の流布等を理由とする除名決議が、手続的にも実体的にも有効とされた事例

東京高裁民、昭和四六年(ネ)第六一号

七日前までにその組合員に対しその旨を通知し、かつ、総会において弁明する機会を与えなければならない。

一　長期間にわたつて組合の施設を利用しない組合員

二　出資の払込、経費の支払その他組合に対する義務を怠つた組合員

三　その他定款で定める事由に該当する組合員

3　除名は、除名した組合員にその旨を通知しなければ、これをもつてその組合員に対抗することができない。

第二十八条　出資組合の組合員は、脱退したときは、定款の定めるところにより、その持分の全部又は一部の払戻を請求することができる。

2　前項の持分は、脱退した事業年度の終における当該出資組合の財産によつてこれを定める。

昭四八・五・一八判決、棄却

一審　浦和地裁

関係条文　水協法二七条・五〇条

本件の組合員に対する、虚偽事実の流布等を理由とする除名決議は、その手続において何ら欠けるところはなく、また充分の理由のあるものであり、その内容においても欠けるところはないものである。

（総覧九九四頁・東高民時報二四巻五号九五頁）

二—五—五　漁業協同組合が一切の漁業権を放棄した場合において、解散に準ずべきものとして、その後漁業に従事しなくなった組合員について水協法第二七条第一項の法定脱退の適用を否定した事例

岡山地裁民、昭和五二年(ワ)第三〇六号

昭五五・四・二五判決、請求棄却

関係条文　水協法二七条一項・一八一条一項

水協法は、漁業協同組合の正組合員から非漁民的色彩を排除し、もって組合に対し漁民のための真の組織としての性格を付与し、かつこれを維持させることを目的とし、その第一八条において組織の地区内に住所を有し、かつ、漁業を営み又はこれに従事する日数が一年を通じて九〇日から一二〇日までの間で定款で定める日数を越える漁民であることを、漁業協同組合の組合員たる資格として規定し、第二七条において右組合員資格の喪失を法定脱退の事由として規定している。しかし、水協法第二七条一項第一号は、右目的

第二十八条の二　事業年度の終りにあたり、出資組合の財産をもってその債務を完済するに足りないときは、その出資組合は、定款の定めるところにより、その年度内に脱退した組合員に対して、未払込出資額の全部又は一部の払込みを請求することができる。

第二十九条　前二条の規定による請求権は、脱退の時から二年間これを行わないときは、時効によって消滅する。

からして組合が法第一条の基本目的に副ってその活動を維持継続していることを適用の範囲の前提としているものと解すべきであるから、組合が解散された場合又はこれと同視し得べき特段の事由のある場合のように、組合がその活動を停止し、あるいは停止を既定のものとしてその準備段階にあるときには、組合の存続を前提とし、組合からの個別的離脱を規定している同条は適用の余地がないものと解すべきである。

（総覧続巻三六〇頁・タイムズ四一九号一三四頁）

第六節　役員の定員及び選挙又は選任（三四条）

二―六―一　組合の役員選挙において、同一氏名の被選挙権者が二名ある場合に、氏名のみを記載した投票に対する効力の判定

青森地裁民、昭和三六年(行)第九号

昭三七・九・二五判決、認容

関係条文　水協法三四条

同一氏名の被選挙権者が二人ある場合に、その氏名のみを記載した投票が現われた場合、その効力を判定するためには、投票の秘密性を害しない限りにおいて、選挙当時の諸般の事情をもしんしやくし、その結果によつても、なお、何人に対する投票であるかを確認できないときにはじめてこれを無効として取り扱うべきものと解する。

本件の場合は、組合員で従前理事及び組合長に当選したことがあり、また

第三十四条　組合に、役員として理事及び監事を置く。

2　理事の定数は、五人以上とし、監事の定数は二人以上とする。

3　役員は、定款の定めるところにより、組合員（准組合員を除く。）が総会（設立当時の役員は、創立総会）においてこれを選挙する。ただし、役員定款の定めるところにより、役員（設立当時の役員を除く。）を総会外において選挙することができる。

当該選挙においても事実上立候補し選挙運動をしていた原告に対する有効投票とみるのが相当である。

（総覧九九九頁・行政集一三巻九号一六二八頁）

二―六―二　会長解任の手続は、法及び定款に規定のない以上、選任手続と同一の方法により行われる。

千葉地裁民、昭和四三年(ヨ)第四号

昭四三・三・二八決定、却下

関係条文　水協法三四条

一　協同組合連合会会長解任の手続は、法及び定款に規定のない以上、選任手続と同一の方法により解任しうるとするのが相当である。

二　会長の解任は理事全員を改選することによってのみなしうるということはない。

三　一人または数人の理事の発議により会長解任の可否を理事全員に問い、多数が解任を可とするときは、解任の効力が生ずると解すべきである。

（総覧一〇〇一頁・時報五四二号六七頁）

4　役員の選挙は、無記名投票によってこれを行なう。ただし、定款の定めるところにより、役員候補者が選挙すべき役員の定数以内であるときは、投票を省略することができる。

5　投票は、一人につき一票とする。

6　定款によって定めた投票方法による選挙の結果投票の多数を得た者（第四項ただし書の規定により投票を省略した場合は、当該候補者）をもって当選人とする。

7　総会外において役員の選挙を行なうときは、投票所は、組合員の選挙権の適正な行使を妨げない場所に設けなければならない。

8　役員は、第三項の規定にかかわらず、定款の定めるところにより、組合員（准組合員を除く。）が総会（設立当時の役員は、創立総会）においてこれを選任することができる。

9　組合の理事の定数の少なくとも三

第七節　理事の忠実義務（三七条）

二―七―一　漁業協同組合の職員が准組合員に対し不正貸付をしたことについて、理事及び監事の組合に対する損害賠償責任が認められた事例

札幌地裁浦河支部民、平成八年(ワ)第三九号
平一一・八・二七判決、一部認容、一部棄却（控訴）
関係条文　水協法三七条・四四条、民事訴訟法二四八条

監事の責任については、従前の検査における監督庁の指摘内容、会計検査の実施状況、会社等への貸付状況等の事情に照らすと、会社等への不正貸付が始まった直後には不正貸付の事実を容易に把握することができた。また、

分の二は、准組合員以外の組合員（法人にあつては、その役員）でなければならない。ただし、設立当時の理事の定数の少なくとも三分の二は、組合員（准組合員を除く。）たる資格を有する者であつて設立の同意を申し出たもの（法人にあつては、その役員）でなければならない。

第三十七条　理事は、法令、法令に基づいてする行政庁の処分、定款、規約、共済規程、内国為替取引規程、信託業務規程及び総会の議決を遵守し、組合のため忠実にその職務を遂行しなければならない。

2　理事がその任務を怠つたときは、その理事は、組合に対し連帯して損害賠償の責めに任ずる。

理事の責任については、組合長及び常勤の理事以外の非常勤の理事は、常勤の理事から報告を受けていなかったとはいえ、その後の監督庁の検査の指摘内容は本件の不正貸付に関するものであり、右指摘に沿って理事会において具体的に協議・検討すれば、不正貸付の事実を認識し得たものであり、そして常勤であっても非常勤理事と職務権限に格別差異のない組合長についても同様である。

漁業協同組合の理事・監事が職員に対する監督を怠った結果、組合に損害が生じた場合は理事・監事に責任があり、組合に対する損害賠償責任はまぬがれない。

（総覧続巻三六五頁・タイムズ一〇三九号二四四頁）

二―七―二　組合長理事の協同組合に対する忠実義務違反に基づく損害賠償責任が認められた事例

東京高裁民、平成九年㈹三二三九号

平・一一・五・二七判決、控訴棄却、付帯控訴一部認容（確定）

一審　浦和地裁秩父支部

関係条文　農業協同組合法三三条（水協法三七条）

理事は、法令、法令に基づいてする行政庁の処分、定款、規約等を遵守し、組合のため忠実にその職務を遂行しなければならず、理事がその任務を怠ったときは、組合に対して連帯して損害賠償の責任を負うとされているから（農業協同組合法第三三条、水協法第三七条）、協同組合である被控訴人の

3　理事がその職務を行うにつき悪意又は重大な過失があったときは、その理事は、第三者に対し連帯して損害賠償の責めに任ずる。重要な事項につき第四十条第一項に掲げる書類に虚偽の記載をし、若しくは公告をしたときも、又は虚偽の登記をしたときも、同様とする。

4　商法第二百六十六条第二項、第三項及び第五項の規定は、第二項の理事の責任について準用する。

〈旧漁業組合令〉（明治四三年一一月一一日勅令四二九号）

第三十九条　組合ハ理事其ノ他ノ代理人カ其ノ職務ヲ行フニ付他人ニ加ヘタル損害ヲ賠償スルノ責ニ任ス

組合長理事であった控訴人としては、右の趣旨に従い、法令、定款等に則つて業務を忠実に執行し、被控訴人に損害を与えないように職務を遂行しなければならないものであったところ、理事会の議決を得る手続を回避する等、被控訴人が通常行うべき不動産購入と異なる手順、様態で本件売買契約を締結させたものであり、右の点で控訴人は本件不動産購入に当たつて、被控訴人に対する忠実義務に違反したものと認めるのが相当である。（時報一七一八号五八頁）

二―七―三　会計主任に対し融通手形の振出に関する一切を任せきりにしていた漁業協同組合長に第三者に対する任務懈怠による損害賠償責任がないとされた事例

福岡高裁民、昭和五四年(ネ)第四八八号

昭五五・七・二九判決、取消、棄却

一審　福岡地裁

関係条文　水協法三五条の二（現第三七条）三項

在任中の漁業協同組合長の任務懈怠と同組合長が理事を退任した後に同漁協の会計主任がした本件手形の振出し、交付との間に相当因果関係があると認めることはできないので、同組合長に水協法第三五条の二（現第三七条）第三項に定める責任があると解することはできない。（総覧一〇〇三頁・タイムズ四二九号一三二頁）

二—七—四　協同組合の役員の報酬につき理事会は、報酬限度額を定めた総会の決議に拘束される。

大阪高裁民、昭和五二年(ネ)第二一〇号

昭五四・四・二〇判決、一部取消、上告

一審　神戸地裁

関係条文　水協法三五条の二(現三七条)・四八条

一たん総会決議で理事長の報酬限度額を定めた以上、理事会はその限度額を超えて理事長に報酬を支給することはできない。

(総覧一〇〇五頁・タイムズ三八七号一三六頁)

二—七—五　漁業協同組合の理事に水協法第三五条の二(現第三七条)第三項の損害賠償責任があるとされた事例

最高裁三小民、昭和五六年(オ)第一一七号

昭五六・七・一四判決、棄却

一審　秋田地裁　　二審　仙台高裁

関係条文　水協法三五条の二(現三七条)

漁業協同組合の理事が、組合員に対して漁業権消滅による補償金を配分するに際し、他の組合員については三年度分の水揚高を基準として配分額を算定しているのに、格別の理由もなく、一部の組合員についてのみ右のうち二年度分の水揚高を除外することは、不当な職務執行にあたり、水産業協同組合法第三五条の二(現第三七条)第三項の損害賠償責任を免れることができ

ない。

（総覧一〇〇八頁・時報一〇一四号六五頁）

二―七―六　預金の払戻しが無効と認められた事例

福岡高裁民、昭和三六年(ネ)第九二八号

昭四〇・一・二〇判決、請求一部認容（原判決変更）

一審　熊本地裁

関係条文　水協法三七条、信用金庫法三九条、商法二六五条

漁業協同組合長でありかつ信用金庫の理事長であった原告は、継続して同組合の金員を同金庫に預金しかつ払い戻していたが、この払戻し金員のうち、同金庫の用途にあてられたものは、金員流用の手段としてなされたものであるから、同組合のために有効な払戻しがあったとは解されない。

（総覧続巻三九二頁・金融法務三九九号六頁）

二―七―七　漁業組合理事の行為と組合の責任

大審院民、昭和六年(オ)第一八号

昭七・九・一四判決、棄却

原審　東京控訴院

関係条文　旧漁業組合令三九条（現三七条）

漁業組合令第三九条にいわゆる「職務ヲ行フニ付」とは、理事がその有する権限の範囲内における行為を行った場合をいうものであって、理事が全然

無権限な行為を行った場合はこれに該当しない。

（総覧一〇一一頁・新聞三四六二号九頁）

二―七―八　定款の規定に違反し、役員の報酬を総会の決議を経ることなく定めて支給した場合の解釈

名古屋高裁金沢支部、昭和二六年(ラ)第四二五号、第四二六号
昭二六・一〇・一五判決、棄却
一審　鳥取地裁米子支部
関係条文　水協法三七条

定款に「理事及び監事の報酬は、総会に於て、これを定める」旨の規定がある場合に、役員会の決議のみにより、あるいは役員会の決議をも経ることなく、実質上報酬と認むべき金員を、理事、監事等役員たる地位にある者に支給するときは、その行為は、自己の占有する他人の物を、自己または第三者の利益のために、自己の権限をこえて、すなわち不法領得の意思をもって処分するものにほかならない。

（総覧一〇一六頁・高裁刑特報三〇号六二頁）

二―七―九　組合の理事が、職務を行うについて重大な過失があるとして、第三者に対する損害賠償責任を認められた事例

仙台高裁民、昭和五〇年(ネ)第七二号
昭五三・四・二一判決、原判決一部変更、一部棄却

一審　盛岡地裁

関係条文　水協法三七条

一　協同組合の理事は、参事の業務遂行を監視すべき義務を負う。

二　協同組合の理事が、毎年数回招集される理事会に出席するだけで、業務の一切を専務理事と参事に任せきりにし、参事の業務遂行に対する監視義務を尽くさず、専務理事もまた業務遂行を参事に任せきりにし、これがため参事の手形濫発を阻止することができず、第三者に損害を被らせたときは、その職務を行うにつき重大な過失があつたものというべきであり、理事は第三者に対し連帯して損害賠償の責に任じなければならない。

（総覧一〇一九頁・金融商事五八四号三三頁）

第八節　役員の改選の請求（四二条）

二―八―一　水協法第四二条第一項に基づき監事を改選する旨の決議の取消請求を棄却した処分に違法がないとされた事例

津地裁民、平成八年（行ウ）第一号

平・一〇・四・九判決、棄却・確定

関係条文　水協法四二条・一二五条一項

一　定款では監事三名とされており、本件改選請求時、一名で欠員であったが、本件決議は右二名を改選したものであるから、水協法第四二条第二項本文の規定に違反するものではない。

第四十二条　組合員（准組合員を除く。）は、総組合員（准組合員を除く。）の五分の一以上の連署をもつて、その代表者から役員の改選を請求することができる。

2　前項の規定による請求は、理事の全員又は監事の全員について同時にしなければならない。ただし、法令、

二　本件改選請求署名簿の署名中には、組合員の家族が署名したものが相当数有るが、その後、当該組合員から異議等の申入れがないことからすると、これらの署名については事後に署名を承諾したものと認められ、水協法第四二条第一項所定の「総組合員の五分の一以上」の要件に欠ける点はない。

三　理事会の招集通知に監事改選請求を懸案とする旨の記載がなかったとする点について、定款上、議決事項の記載は求められていないし、規約上は、本件改選請求は、理事会の開催当日であったから、議案の記載を要しない「緊急やむを得ない場合」に当たる。

（総覧続巻四〇二頁・自治一八五号九七頁）

二―八―二　漁業協同組合の理事の改選決議に改選事由が存在しないとして解任の効力が否定された事例

千葉地裁民、平成六年(ヨ)第一五七号
平六・八・一六決定、認容
関係条文　水協法三七条一項・四二条

Xは、Y漁業協同組合の組合員かつ理事であったところ、Y組合は組合員代表一二名からなされた役員改選請求に基づき、臨時総会で理事の改選決議を行い、Xを解任した。右改選請求申立書に記載された請求の理由は、Xが、①Y組合が決定した漁港利用調整事業に反対する趣旨の対外的行動をした（忠実義務違反）、②総会等の議事録に署名押印することを拒否した（定款違反）、③Y組合の会計帳簿等を閲覧し、その内容を第三者に漏洩した（組

法令に基づいてする行政庁の処分又は定款、規約、共済規程、内国為替取引規程若しくは信託業務規程の違反を理由として請求する場合は、この限りでない。

3　第一項の規定による請求は、改選の理由を記載した書面を理事に提出してこれをしなければならない。

4　第一項の規定による請求があったときは、理事は、これを総会の議に付さなければならない。

5　第三項の規定による書面の提出があったときは、理事は総会の日から七日前までに、当該請求に係る役員にその書面又はその写しを送付し、かつ、総会において弁明する機会を与えなければならない。

6　第一項の規定による請求につき第四項の総会において出席者の過半数の同意があったときは、その請求に係る役員は、その時にその職を失う。

合規定違反）というものである。

①の忠実義務違反については、Xは「鴨川の海を守る会代表」の名義で本件質問書の内容もY組合の理事の職務に関係するものとはいえず、したがって、本件質問書を千葉県知事に提出する行為は理事の職務として行った行為とはいえず、水協法第三七条第一項の忠実義務の対象とはならない。②の定款違反については、Y組合の定款第三四条の二第四項、第四九条及び第五八条において、理事会、総会及び総代会の議事録に理事が押印する旨定められているが、押印できない正当な理由がある場合には右各条項違反とはならないというべきである。そこで、Xが押印しなかった理由が正当な理由にあたるかが問題になるが、右条項に基づく押印は、各議事録が正確に記載されたことを確認する趣旨である以上、議事録が閲覧できない場合あるいは議事録の記載が正確でないと判断した場合は、押印しない正当な理由があるというべきである。③の規定違反については水協法第四二条第二項但書が限定列挙と解される以上、同項但書に挙げられていない規定違反は、理事の一部のみの改選請求の理由とはならないというべきである。

（総覧続巻三九六頁・時報一五二七号一四九頁）

7　第四十七条の三第二項及び第四十七条の四の規定は、第四項の場合について準用する。

第九節　役員等に関する商法等の準用（四四条）

二―九―一　法人の理事が代表権限を濫用して行つた行為の効力

東京地裁民、昭和三二年(ワ)第三三五三号

昭三六・六・六判決、認容

関係条文　水協法四四条、民法五二条二項・五四条・五七条・一〇八条

法人の理事が代表権限を濫用して法人の代表名義で特定の行為を行つた場合において、当該行為が法人の目的の範囲を逸脱するものでない限り、右代表行為の効力は法人について生ずる。

（総覧一〇四四頁・金融法務二八二号一〇〇頁）

二―九―二　組合への加入について、理事会の承認の決議がないとして組合員たる地位の確認請求を排斥した事例

福岡地裁民、昭和四二年(ワ)第九一九号

昭四六・一二・一四判決、棄却

関係条文　水協法四四条、民法五二条の二・五三条

協同組合への加入契約は、本条により準用される民法第五二条第二項、第五三条及び組合の定款からすれば、組合の組織に関する事項であり、代表機関に加入承諾の権限はなく、理事会の権限に属するから、組合の加入について、代表機関である組合長の承諾を得たとしても、理事会の承諾の決議がな

第四十四条　商法第二百五十四条第三項、第二百五十六条第三項、第二百五十八条第一項及び第二百六十七条から第二百六十八条ノ三までの規定は理事及び監事について、民法第五十五条並びに商法第二百六十一条、第二百六十二条、第二百六十九条及び第二百七十二条の規定は理事について、第三十七条並びに同法第二百七十四条、第二百七十四条ノ二、第二百七十五条、第二百七十五条ノ二、第二百七十五条ノ四及び第二百七十八条から第二百七十九条ノ二までの規定は監事について、同法第二百五十九条から第二百五十九条ノ三まで、第二百六十条ノ二、第二百六十条ノ三並びに第二百六十条ノ四第一項及び第二項の規定は理事会について準用する。この場合において、同

い以上、組合員たる地位は取得できない。

（総覧一〇四七頁・時報六六一号七五頁）

二—九—三　組合の代表権限のない理事が組合名義でした保証契約を締結した場合、民法第一一〇条の類推適用を否定した事例

広島地裁民、昭和四七年(ワ)第一一八号、第六二一号、同四八年(ワ)第二〇九号

昭五一・二・二七判決、一部認容、一部棄却

関係条文　水協法四四条、民法一一〇条・七一五条

一　協同組合の代表権限のない理事が組合名義で他の会社の手形債務について保証契約を締結した場合、右取引の相手方においては、組合が右保証をしえないことを当然認識できたものと解されるから、民法第一一〇条を類推適用することはできない。

二　右の場合、右理事が権限をこえて保証契約を締結して第三者に損害を与えた行為は、右理事が職務を執行するにつき不法に第三者に損害を与えたものといえるから、漁業協同組合は、民法第七一五条により、その損害を賠償する責任がある。

（総覧一〇四八頁・タイムズ三四〇号二六〇頁）

二—九—四　漁業協同組合の総会の決議の内容が法令に違反するものであるとして、同決議の無効確認が認容された事例

法第二百六十一条第三項中「第二百五十八条」とあるのは、「第二百五十八条第一項並ニ水産業協同組合法第四十三条第一項」と読み替えるものとする。

津地裁四日市支部民、平成六年(ワ)第三〇二号
平一一・五・二八判決、認容・確定
関係条文　水協法四四条・五一条、民法五五条、商法二五二条

被告組合は、そもそも組合長理事ないし理事が特定の行為の代理を他人に委任することは法令上も認められている（水協法第四四条、民法第五五条）のであるから、本件決議は組合の最高意思決定機関である総会が組合長に代わつて特定行為の代理を他人に委任したものであると解釈すれば、その内容が違法とは言えない旨主張する。

しかしながら、仮に被告組合が、総会決議をもつてすれば、自由に組合長兼理事職務代行者以外の者にも代表行為の委任をなし得るものとした場合、組合長兼職務代行者に対する許可というかたちで水資源開発公団との漁業損失補償契約等の組合の常務外の行為をすべからく裁判所の監督下に置いてその適正化を図るという本件仮処分決定の趣旨は没却される。

本件仮処分決定がされた後は、被告組合の代表権は、組合長兼理事職務代行者にあり、総会において、組合員が組合長兼理事職務代行者に対する支持の意思表明のため、漁業損失補償に関する一切の権限を同人に与えて委任する旨の決議をすることは何ら差支えないが、組合長兼理事職務代行者以外の者にこれを委任することは許されないというべきである。とりわけ、本件仮処分決定においては、被告組合を名宛人（債権者）として、本件交渉委員らの一人Ｎについて組合長兼理事としての職務を執行させること自体を禁止しているのであるから、組合の（最高であるとしても）意思決定機関にすぎな

い総会が、本件仮処分の趣旨を無視して、右の者を受任者として選任する決議を行うことが許されないことは自明のことと言わなければならない。（総覧続巻四〇七頁・タイムズ一〇四一号二四四頁）

第一〇節　参事及び会計主任（四五条、四六条）

二―一〇―一　漁業協同組合参事が上司の決裁を受けることなく組合長振出名義の融通手形を作成した行為につき、有価証券偽造罪が成立するとされた事例

最高裁三小刑、昭和四〇年㈠第二〇一五号
昭四三・六・二五判決、棄却
一審　横浜地裁横須賀支部　　二審　東京高裁
関係条文　水協法四五条、商法三八条一項三号

被告人が水産業協同組合法により支配人に関する商法の規定が準用される漁業協同組合参事であっても、同組合内部の定めとしては、同組合が融通手形として振り出す組合長振出名義の約束手形の作成権限はすべて専務理事に属するものとされ、被告人は単なる起案者、補佐役として右手形作成に関与していたにすぎない場合において、同人が組合長又は専務理事の決裁・承認を受けることなく融通手形として組合長振出名義の約束手形を作成したときは、有価証券偽造罪が成立する。（総覧一〇五〇頁・最高裁刑集二二巻六号四九〇頁）

第四十五条　組合は、参事及び会計主任を選任し、その主たる事務所又は従たる事務所において、その業務を行わせることができる。
2　参事及び会計主任の選任及び解任は、理事の過半数によりこれを決する。
3　商法第三十八条第一項、第三項、第三十九条、第四十一条及び第四十二条の規定は、参事について準用する。

第四十六条　組合員（准組合員を除く。）は、総組合員（准組合員を除く。）の十分の一以上の同意を得て、理事に対し、参事又は会計主任の解任を請求することができる。

二一〇―二　組合参事が組合職員の慰労や組合員のための接待に組合所有の金員を支出するのは、その代理権限に属する行為である。

札幌高裁刑、昭和二八年(う)第四七三号

昭二九・一・一六判決、破棄差戻

一審　釧路地裁網走支部

関係条文　水協法四五条

協同組合参事が組合職員の慰労や組合のための接待に組合所有の金員を支出するのは、その代理権限に属する行為で、これをもつて横領とはいえない。

（総覧一〇八七頁・高裁刑特報三二号五七頁）

二一〇―三　組合参事は組合のために手形行為をする場合に、直接理事名義の署名又は記名押印をしうる権限を有する。

大阪高裁民、昭和三四年(ネ)第一〇三〇号

昭三五・一・二九判決、取消

関係条文　水協法四五条、手形法八条、商法三八条

一　協同組合参事は、その主たる事務所、従たる事務所において、その業務を行うことができるものであり、支配人と同様、本人つまり組合の業務に関するいつさいの行為をする権限を有する。

二　協同組合参事が組合のために手形行為をする場合に、とくにその理事より署名又は記名押印を代理する権限を授与されていなくても、直接理事名義の署名又は記名押印をしうる権限を当然有するものと解するのが相当で

2　前項の規定による請求は、解任の理由を記載した書面を理事に提出してこれをしなければならない。

3　第一項の規定による請求があつたときは、理事会は、当該参事又は会計主任の解任の可否を決しなければならない。

4　理事は、前項の可否を決する日の七日前までに、当該参事又は会計主任に対し、第二項の書面又はその写を送付し、かつ、弁明する機会を与えなければならない。

ある。

（総覧一〇八八頁・時報二一九号三〇頁）

二一〇―四　支配人に関する商法の規定が準用される漁業協同組合参事が組合長名義の約束手形を作成した行為と有価証券偽造罪の成否

東京高裁刑、昭和三九年(う)第九九九号

昭四〇・六・一八判決、棄却

一審　横浜地裁横須賀支部

関係条文　水協法四五条、商法三八条一項・三項、刑法一六二条一項

同人は参事に選任された者であるから商法の支配人に関する規定が準用され、本来ならば組合に代ってその事業に関する委細の裁判上または裁判外の行為をする権限を有し、その権限の中には約束手形を振り出す権限も当然含まれているはずである。しかしながら、組合がその代理権に制限をくわえることができることは商法第三八条第三項の規定からみて明らかで、現に被告人の場合は、自分だけの一存で組合の融通手形を振り出すことは許されていなかつたのである。したがつて、被告人にはその参事としての代理権に大きな制限が加えられていたというべきで、融通手形の振出に関しては、直接組合長名義をもつてするはもちろん、組合参事名義をもつてするものについても、一切その権限がなかつたものである。このようなもとで、被告人が組合長または専務理事の決済・承認を受けずに独断で組合長振出名義の約束手形を作成して交付したことは、やはり刑法上の偽造にあたると解さざるをえな

い。

（総覧続巻四二〇頁・東京刑時報一六巻六号七七頁）

二一〇―五　組合参事がたとえ組合長が承認しない手形割引をしたからといつて横領罪は成立しない。

岡山地裁笠岡支部刑、昭和三二年(わ)第六六号

昭三五・五・二三判決、無罪

関係条文　水協法四五条、刑法二五三条

協同組合参事は、法律上、組合長の代行（隷属）機関でなく、支配人と同様に組合に代りその業務に関するいつさいの裁判上又は裁判外の行為をなす独自の権限を有する代表機関であるから、たとえ組合長が承認しない手形割引をしたからといつて横領罪が成立するものではない。

（総覧一〇八九頁・下裁刑集二巻五・六合併号八四二頁）

第一一節　総会の招集（四七条の二、四七条の三）

二一一―一　漁業協同組合の総会の会日当日において、招集権者のした開会取止めの処置の効力

最高裁三小民、昭和三二年(オ)第一一三六号

昭三七・一・一六判決、棄却

一審　金沢地裁輪島支部　二審　名古屋高裁金沢支部

関係条文　水協法五条・二五条・四七条の二・四七条の三・四四条

第四十七条の二　通常総会は、定款の定めるところにより、毎事業年度一回招集しなければならない。

第四十七条の三　臨時総会は、必要があるときは、何時でも招集することができる。

一　漁業協同組合の総会の会日当日において、総会の開会が可能であるかぎり、たとえ開会宣言前であっても、招集権者は開会の取止めを独断ですることはできない。

二　漁業協同組合に組合員として加入するについて理事会の決議を要すると解される場合には、組合の代表機関が組合を代表して承諾することはできない。

（総覧一〇二七頁・最高裁民集一六巻一号一頁）

第一二節　組合員に対する通知（四七条の五）

二―二―一　通知と会日との間に、法定の日時をおかないで開催された総会における決議の効力

水戸地裁下妻支部民、昭和四一年(ワ)第六四号

昭四三・三・一四判決、棄却

関係条文　水協法二七条・四七条の五

総会招集の通知は、全組合員に会日前にその了知手段をとり、組合員が定められた会日に出席して表決する機会が与えられれば、たとえ通知と会日との間に法定の日時を介在させなくとも、ただちに違法とはいえず、これによって開かれた総会の決議も瑕疵あるものとはいえない。

（総覧九九一頁・下裁民集一九巻三・四合併号一三三頁）

2　組合員（准組合員を除く。）が総組合員（准組合員を除く。）の五分の一以上の同意を得て、会議の目的たる事項及び招集の理由を記載した書面を理事会に提出して、総会の招集を請求したときは、理事会は、その請求のあった日から二十日以内に臨時総会を招集すべきことを決定しなければならない。

第四十七条の五　組合が組合員に対してする通知又は催告は、組合員名簿に記載したその者の住所（その者が別に通知又は催告を受ける場所を組合に通知したときはその場所）にあてればよい。

2　前項の通知又は催告は、通常到達すべきであった時に到達したものとみなす。

3　総会招集の通知は、その会日の一

第一三節　総会の議決（四八条、四九条、五〇条、五一条）

二―一三―一　漁業協同組合の総会決議について法律上存在するものとは認められないとしてその効力を否定した事例

津地裁四日市支部民、平成二年(ワ)第二〇七号
平一〇・三・二〇判決、一部認容、一部確定
関係条文　水協法二一条一項・四八条・五一条、商法二五二条

本件総会決議は、被告組合の組合員とは認められない者あるいは議決権を有しない准組合員にすぎない者が相当多数出席するとともに、その多数決により、被告組合の定款に違反してその組合員とは認められない者を三名も理事に選任したものであって、もはや総会決議の体裁をなしていないほどに著しい瑕疵を帯び、法律上存在するものとは認められないというべきである。

（総覧続巻三三四頁・タイムズ一〇〇六号二六五号）

二―一三―二　漁業協同組合に対し、漁業権、入漁権放棄の代償及び組合員の許可漁業、自由漁業の利益放棄の代償としてそれぞれ支払われた補償金の実体上の帰属関係と分配方法

名古屋地裁民、昭和四一年(ワ)第一七号、第二〇〇〇号、第二二〇八号、

週間前までに、その会議の目的たる事項を示してこれをしなければならない。

第四十八条　次の事項は、総会の議決を経なければならない。
一　定款の変更
二　規約及び内国為替取引規程の設定、変更及び廃止
三　毎事業年度の事業計画の設定及び変更
四　経費の賦課及び徴収の方法
五　事業の全部の譲渡、信用事業若しくは第十一条第一項第三号、第五号若しくは第八号の二の事業（これに附帯する事業を含む。）の全部若しくは一部の譲渡又は共済契約の全部若しくは一部の移転（その一部の移転にあつては、責任準備金の算出の基礎が同じであ

昭和四五年(ワ)第二一一四号

昭五八・一〇・一七判決、棄却

関係条文　水協法四八条・五〇条、漁業法六条・七条・八条

漁業権等放棄の補償金は組合に帰属し、組合員に分配されるべきものであり、信託財産性を有し、単なる組合財産の剰余金と解すべきでなく、また組合員の許可操業及び自由操業の利益放棄の補償金についても、組合が独自の権限で交渉し受領することができるものとし、右各分配については、総会の特別決議に基づくべきものである。

（総覧一〇九四頁・時報一一三三号一〇〇頁・タイムズ五二八号二三三頁）

二―一三―三　漁業協同組合に対し、共同漁業権放棄の代償として交付された漁業補償金の処分と組合総会の議決の要否

富山地裁高岡支部民、昭和三九年(ワ)第一九四号～第二〇四号

昭四三・五・八判決、一部認容、一部棄却

関係条文　水協法四八条一項六号

一　本件漁業補償金は、漁協協同組合の有する共同漁業権放棄の対価であり、一種の清算的剰余金の性質を有するから、その処分は総会の決議事項である。

二　総会において漁業補償金の配分について、しじみ部門の組合員多数が反対を唱えているのに、議長において賛否確認のための手段措置を何らとらずして総会を散会したものであるから、総会において漁業補償金の配分に

る共済契約の全部を包括して移転するもの（以下「包括移転」という。）に限る。）

六　事業報告書、財産目録、貸借対照表、損益計算書、剰余金処分案及び損失処理案

七　毎事業年度内における借入金の最高限度

八　漁業権又はこれに関する物権の設定、得喪又は変更

九　漁業権行使規則若しくは入漁権行使規則又は遊漁規則の制定、変更及び廃止

十　漁業権又はこれに関する物権に関する不服申立て、訴訟の提起又は和解

十一　育成水面の設定、変更及び廃止

十二　育成水面利用規則の制定、変更及び廃止

2　定款の変更は、行政庁の認可を受

ついて総会の承認の議決そのものが存在しなかつたと認める。

（総覧一〇九九頁・時報五五四号六四頁）

二―一三―四　防波堤工事により喪失あるいは漁業権の制限される区域が共同漁業権漁場全域のきん少部分にとどまる場合に、防波堤工事は漁業協同組合における漁業権の管理行為に含まれるものとして、漁業権の放棄を伴わずになし得るとされた事例

長崎地裁民、昭和五七年(ヨ)第一五三号

昭五八・三・三一判決、却下

関係条文　水協法四八条一項九号、漁業法八条一項・二項

一　防波堤工事により喪失あるいは漁業の制限される区域が共同漁業権漁場全域の〇・二パーセント程度のきん少部分にとどまるのであれば、右区域が右漁場における漁業に不可欠のものであつて、これを喪失しあるいは同所での操業が制限されることが漁業権の喪失あるいは変更に相当するものではない限り、防波堤工事は漁業協同組合における漁業権の管理行為に含まれるものとして、漁業権の放棄を伴わずになし得る。

二　防波堤工事につき漁業協同組合が同意の決議をし、これに基づき組合長理事から施行者に対し同意の通知がされた以上、漁業協同組合には右工事を容認する義務が生じているところ、漁業協同組合の組合員の漁業を営む権利は、漁業協同組合に帰属する漁業権を組合員として行使する権利であるから、漁業協同組合の義務は組合員に反映され、右工事の施行に抵触す

けなければ、その効力を生じない。

3　前項の認可の申請があつた場合には、第六十三条第二項、第六十四条及び第六十五条の規定を準用する。

第四十九条　総会の議事は、この法律、定款又は規約に特別の定めある場合を除いて、出席者の議決権の過半数でこれを決し、可否同数のときは、議長の決するところによる。

2　議長は総会において、その都度これを選任する。

3　議長は、組合員として総会の議決に加わる権利を有しない。

4　（以下略）

第五十条　次の事項は、総組合員（准組合員を除く。）の半数以上が出席し、その議決権の三分の二以上の多数による議決を必要とする。

一　定款の変更

二　組合の解散又は合併

三　組合員の除名

る限りにおいて組合員の権利の行使が制限を受けることもやむを得ない。
（総覧一一〇七頁・訟務二九巻九号一六八五頁）

二―一三―五　漁業権を有する漁業協同組合が、改正前の公有水面埋立法第四条第一号の同意をするに当つて、水協法第五〇条による特別決議を欠く同意は無効である。

松山地裁民、昭和四三年(行ク)第二号
昭四三・七・二三決定、認容
関係条文　憲法三一条、水協法五〇条、改正前の公有水面埋立法四条一号（現四条三項一号）

漁業権を有する漁業協同組合が公有水面埋立法第四条第一号の同意をするには、水産業協同組合法第五〇条による特別決議を必要とするところ、その特別決議を欠く同意は無効である。
（総覧一三七五頁・行政集一九巻七号一二九五頁）

二―一三―六　総会議事細則に違反する採決手続によつてされた漁業協同組合総会の議決の効力

長崎地裁民、昭和二六年(ワ)第三七三号、第四〇七号、昭二七年(ワ)第四六号
昭二八・四・一七判決、一部認容、一部棄却
関係条文　改正前の漁業法八条、水協法三二条・四九条・五〇条・五

三の二　事業の全部の譲渡、信用事業若しくは第十一条第一項第三号、第五号若しくは第八号の二の事業（これに附帯する事業を含む。）の全部の譲渡又は共済契約の全部の移転
四　漁業権又はこれに関する物権の設定、得喪又は変更
五　漁業権行使規則又は入漁権行使規則の制定、変更及び廃止

第五十一条　民法第六十四条及び第六十六条並びに商法第二百四十三条及び第二百四十四条の規定は、総会に準用する。この場合において、民法第六十四条中「第六十二条」とあり、又は商法第二百四十三条中「第二百三十二条」とあるのは、「水産業協同組合法第四十一条第三項」と読み替えるものとする。

〈旧漁業組合令〉（明治四三年一一月

二条五項

一　漁業法第八条の法意は、漁業協同組合の組合員であって漁民であるものは、定款の定めるところにより始めて顕在的な操業上の権利を有するものである。

二　総会議事細則に違反する採決手続によってなされた総会の議決は、その採決手続に存する違法の原因が議決の成否そのものにつき影響がある場合には取消しを免れない。

（総覧一一一一頁・下裁民集四巻四号五一八頁）

二―一三―七　漁業協同組合の総会における漁業補償金配分に関する決議が無効とされた事例

山口地裁民、昭和五七年(ワ)第一三三号

昭六一・二・二一判決、一部認容（確定）

関係条文　水協法五〇条・一二五条、商法二五二条

水産業協同組合法は総会決議が無効である場合及び不存在である場合については何らの定めもしていないことに加え、組合員の裁判を受ける権利の保障の点を考えると、一般原則に従い、総会の決議無効、不存在については訴訟の前提問題としてこれを争えるのみならず、これが現に存する紛争の直接かつ抜本的解決のため適切かつ必要と認められる場合には、総会決議の無効又は不存在の確認の訴えを提起できるものと言うべく、この場合には商法第二五二条を類推適用したうえ、対世的効力がその認容判定に付されるものと

一一日勅令四二九号）

第二十条　本令中別ニ規定アルモノノ外左ニ掲グル事項ハ組合員総会ノ決議ヲ経ヘシ但シ第八号ニ掲クル事項ニ付テハ別ニ規約ヲ以テ別段ノ規定ヲ設クルコトヲ得

一　経費ノ収支予算

二　経費ノ分賦収入方法

三　漁業権又ハ不動産ニ関スル物権ノ得喪、変更

四　基金ノ支出又ハ利用方法

五　予算外ノ支出

六　負債ヲ起スコト

七　組合員ノ除名

八　組合員ニ非サル者ニ対スル漁業権ノ貸付又ハ入漁権ノ設定、得喪若ハ変更

九　規約ノ変更

十　訴願、訴訟又ハ和解

十一　連合会ニ加入シ又ハ之ヨリ脱退スルコト

解するのが相当である。（総覧続巻一七四頁・時報一一九一号一二〇頁）

二一三一八　共同漁業権放棄の対価としての補償金の配分は、漁業協同組合の特別決議によつて行うべきである。

最高裁一小民、昭和六〇年(オ)第七八一号

平元・七・一三判決、破棄差戻

一審　大分地裁　二審　福岡高裁

関係条文　水協法八条一項九号・五〇条、漁業法六条・八条

漁業協同組合がその有する漁業権を放棄した場合に漁業権消滅の対価として支払われる補償金は、法人としての漁業協同組合に帰属するものというべきであるが、現実に漁業を営むことができなくなることによって損失を被る組合員に配分されるべきものであり、その方法について法律に明文の規定はないが、漁業権の放棄について総会の特別決議を要するものとする水協法の規定の趣旨に照らし、右補償金の配分は、総会の特別決議によってこれを行うべきものと解する。（総覧続巻六一頁・最高裁民集四三巻七号八六六頁）

二一三一九　漁業協同組合が共同漁業権放棄に伴う損失補償金の配分を役員会に一任する場合の決議の方法

熊本地裁民、昭和六一年(ワ)第四五号

十二　組合ノ解散、合併又ハ分割

前項第三号、第六号、第七号、第九号乃至第十二号ニ掲ケタル事項及第三十条第三項但書ノ決議ハ総組合員三分ノ二以上出席シ其ノ三分ノ二以上ノ同意アルコトヲ要ス但シ規約ニ別段ノ規定アルトキハ此ノ限ニ在ラス

〈旧漁業組合規則〉（明治三五年五月一七日農商務省令八号）

第十九条　理事ハ総会ノ議決ニ依ルニ非サレハ左ニ掲ケタル行為ヲ為スヲ得ス

一　経費ノ予算及賦課徴収法ヲ定ムルコト

二　漁業権又ハ不動産ニ関スル権利ノ得喪、変更ヲ目的トスル行為ヲ為スコト

三　基金ノ利用方法ヲ定メ又ハ其ノ支出ヲ為スコト

四　予算外ノ支出ヲ為シ又ハ負債ヲ

平三・一・二九判決、認容（決定）

関係条文　水協法四八条一項九号・五〇条四号、漁業法六条一項・八条

漁業協同組合に支払われた漁業権消滅に伴う補償金の配分については、総会の特別決議によつてその配分手続を役員会等に委ね、右委任によつて役員会等が具体的な配分を決定した場合は、右役員会の配分決定は総会の決議と一体となつて有効な配分と解される。

（総覧続巻四三五頁・時報一三九一号一五九頁）

二―一三―一〇　志布志湾における公有水面埋立て免許取消請求控訴を棄却した事例

福岡高裁民、昭和六二年(行コ)第三号

昭六二・六・一二判決、棄却

一審　鹿児島地裁

関係条文　水協法四八条・五〇条、公有水面埋立法二条・四条・五条・六条・七条、漁業法八条・一四条・二二条

高山町漁業協同組合は、臨時総会において、本件公有水面に関し共同漁業権の一部放棄の特別決議を行つたものであるから、これにより右共同漁業権及びこれから派生する権利である漁業を営む権利も本件公有水面につき消滅に帰し、原告らは本件埋立免許処分の取消しにつき法律上の利益をもたず、原告適格を欠くものである。

起スコト

五　組合員ニ非サル者ニ漁業権ヲ貸付又ハ之ト入漁ノ契約ヲ為スコト

六　組合員ヲ除名スルコト

七　訴訟行為又ハ和解ヲ為スコト

八　基金ヲ預入ルヘキ銀行ヲ定ムルコト

（総覧続巻三七頁・時報一二四九号四六頁）

二―一三―一一　漁業組合が組合総会の決議なくして提起した行政訴訟の適否

行政裁、昭和六年第三〇〇号

昭七・一〇・一八判決、却下

関係条文　漁業組合令二〇条一〇号（現水協法四八条一項一〇号）、公有水面埋立法一一条

一　地方長官の公有水面埋立免許に対する第三者の行政訴訟提起期間は、公有水面埋立法第一一条による告示の日より起算すべきものである。

二　漁業組合が組合総会の決議なくして提議した訴訟は、不適法として却下すべきものである。

（総覧一一二四頁・行録四三輯八六二頁）

二―一三―一二　漁業組合理事の権限と民法第五四条にいう代理権の制限との関係

大審院民、大正一五年(オ)第一一一二号

大一五・一二・一七判決、棄却

一審　千葉地裁　　二審　東京控訴院

関係条文　漁業組合令二〇条（現水協法四八条）、民法五四条

漁業組合令第二〇条（現水協法第四八条）所定の決議は、理事が当該行為

を行うための権限発生の要件であって、民法第五四条にいわゆる理事の代理権に加えた制限と解すべきものではない。

（総覧一一二五頁・民集五巻一二号八六二頁）

二―一三―一三　適法な漁業組合の決議の効力

長崎控民、大正一四年(ア)第五四六号

大一五・二・一五判決、棄却

関係条文　漁業組合令二〇条・二二条（現水協法四八条一項一号・二項）

一　漁業組合規約の変更決議に対する地方長官の認可行為は、組合決議が適法に成立することを前提とし、これに実施の効力を付与する行政行為に外ならないものであって、不適法な組合決議を補正して適法な決議となす効力を有するものではない。

二　漁業組合変更の決議が組合規約そのものに違反する点がない以上は、組合員は当該変更規約に従うべき義務があるものと解する。

（総覧一一二六頁・新聞二五四八号一四頁）

二―一三―一四　漁業組合規約変更の無効と県知事の認可

横須賀区裁民、大正六年第三八一号

大七・二・一判決、認容

関係条文　漁業組合令二〇条・二二条（現水協法四八条一項一号・二

項）

漁業組合の規約の変更は組合総会の決議が成立しても地方長官の認可がなければその効力は発生しないとともに、決議が成立しなければ地方長官の認可があつたとしてもその認可は何らの効力を生じない。したがつて総会の決議が成立しない場合においては、直ちにこれを理由としてその無効を主張することができるのであつて、先づその認可を取り消した後であることを要する理由は何らないものである。

（総覧一一二九頁・新聞一三七四号二三頁）

二—一三—一五　漁業組合の理事と応訴資格の関係

横浜地裁民、大正八年(レ)第二八号

大八・九・一二廃棄、原審差戻

関係条文　漁業組合令二〇条一項一〇号（現水協法四八条一項八号）

漁業組合令第二〇条（現水協法第四八条）は、漁業組合が被告として訴訟の相手方たるべき場合を包含しないものである。したがつて理事は組合が訴を受けた場合には何ら特別授権を要せず組合の事務として当然組合を代表して応訴する資格あるものと解する。

（総覧一一三一頁・新聞一六一〇号一三頁）

二—一三—一六　漁業権の得喪変更の組合の総会決議を経ない変更の免許申請は無効である。

行政裁、明治四三年第一八三号
明四五・五・二三判決
関係条文　漁業組合規則一九条（現水協法四八条・五〇条）、旧漁業法四条（現六条・一〇条）

一　漁業組合理事において漁業権の漁業区域短縮の出願をなすには、総会の決議を必要とするものであるので、その決議を経ない当該出願は無効である。

二　漁業組合規則第一九条にいわゆる「漁業権の得喪を目的とするの行為」とは、漁業権の創設を目的とする場合と既存漁業権の得喪を目的とする場合とを区別しないが故に出願区域を短縮して免許を得んとする行為をも包含するものと解すべきである。

（総覧二三五頁・行録二三輯五七三頁）

第一四節　登　　記（一〇一条、一〇四条）

二―一四―一　組合を代表する理事がある場合には、登記義務は代表理事のみが負担する。

高松高裁民、昭和三七年(ラ)第五二号
昭三八・一二・二五決定、取消（確定）
関係条文　水協法一〇一条・一〇四条

一　本法の変更登記義務は、組合を代表する理事がある場合には、当該代表理事のみが負担するものと解すべきである。

第百一条　組合は、組合員又は会員（以下「組合員」と総称する。）に出資をさせない組合にあつては、設立の認可があつた日から、組合員に出資をさせる組合（以下「出資組合」という。）にあつては、出資の第一回の払込みがあつた日から二週間以内に、主たる事務所の所在地において設立の登記をしな

二　本法に定められた各種の登記に関する規定は公益的理由に基づく強行性を有し、これに基づく登記義務はいわゆる公法上の義務であり、組合の定款、規約その他総会決議等を根拠にその義務を免れえない。（総覧一一四〇頁・高裁民集一六巻九号八七四頁）

ければならない。

2　設立の登記には、左の事項を掲げなければならない。但し、漁業生産組合の設立登記には、第三号の事項を掲げなくてもよい。

一　事業

二　名称

三　地区

四　事務所

五　出資組合にあつては、出資一口の金額及びその払込の方法並びに出資の総口数及び払い込んだ出資の総額

六　存立の時期を定めたときは、その時期

七　代表権を有する者の氏名、住所及び資格

八　数人が共同して組合（漁業生産組合を除く。）を代表すべきことを定めたときは、その規定

九　公告の方法

3　組合は、設立の登記をした後二週間以内に、従たる事務所の所在地において、前項の事項を登記しなければならない。

（設立登記事項の変更の登記）

第百四条　第百一条第二項の事項中に変更を生じたときは、主たる事務所の所在地においては二週間以内に、従たる事務所の所在地においては三週間以内に変更の登記をしなければならない。

2　第百一条第二項第五号の事項中出資の総口数及び払込済出資額の総額の変更の登記は、前項の規定にかかわらず、毎事業年度末日現在により、事業年度終了後、主たる事務所の所在地においては四週間以内に、従たる事務所の所在地においては五週間以内にこれをすればよい。

第三章　監　督

第一節　決議、選挙又は当選の取消し（一二五条）

三—一—一　水協法第一二五条第一項にいう決議等取消請求に必要とされる要件は、その請求の当否の判断時に存在することが必要である。

福岡高裁民、昭和五三年(行コ)第四号

昭五三・九・二〇判決、棄却

一審　大分地裁

関係条文　水協法一二五条一項

一　水産業協同組合法第一二五条第一項にいう決議等取消請求に必要とされる「総組合員の一〇分の一以上の同意」の要件は、その請求の当否の判断時に存在することが必要である。

二　一掲記の要件は、同項に基づき行政庁のした決議等取消請求に対する決定の取消しを求める抗告訴訟の訴訟要件である。

（総覧一一四二頁・行政集二九巻九号一七五九頁）

三—一—二　漁業協同組合の総会の議決の無効と水協法第一二五条

最高裁一小民、昭和四七年(オ)第一七号

昭四七・三・三〇判決、棄却

第百二十五条　組合員（第十八条第五項の規定による組合員及び第八十八条第三号若しくは第四号、第九十八条第二号又は第百条の三第三号若しくは第四号の規定による会員を除く。）が総組合員（第十八条第五項の規定による組合員及び第八十八条第三号若しくは第四号、第九十八条第二号又は第百条の三第三号若しくは第四号の規定による会員を除く。）の十分の一以上の同意を得て、総会の招集手続、議決の方法又は選挙が法令、法令に基いてする行政庁の処分又は定款若しくは規約に違反することを理由として、その議決又は選挙若しくは当選決定の日から一箇月以

一審　神戸地裁　　二審　大阪高裁

関係条文　水協法一二五条

一　水産業協同組合法による協同組合の総会の議決が当然に無効である場合においては、同法第一二五条所定の行政庁による取消しの手続を経ていないでも、各組合員は直接裁判所に対しその無効を前提として権利関係の確認を求めることができる。

二　漁業協同組合において、定款に定める除名事由が存しないのにかかわらず、総会において組合員を除名する旨の議決をした場合には、右議決はその要件を欠き当然に無効であると解すべきである。

（総覧一一五一頁・タイムズ二七七号一三八頁）

三―一―三　水協法による組合の総会決議ないし選挙に取消事由となる瑕疵がある場合においては、まず、行政庁にその救済を求めるべきであるとした事例

広島地裁民、昭和四八年(コ)第一〇五号

昭四八・七・二四判決、却下（確定）

関係条文　水協法一二五条一項、民訴法七六〇条

水協法第一二五条第一項の趣旨は、総会の招集手続議決の方法又は選挙が法令、法令に基づいてする行政庁の処分又は定款若しくは規約に違反する等取消事由に該当する場合には日常組合を監督する衝にあつて組合の事情に精通する行政庁に右議決又は選挙若しくは当選の取消請求の当否を迅速適切に

内に、その議決又は選挙若しくは当選の取消を請求した場合において、行政庁は、その違反の事実があると認めるときは、当該決議又は選挙若しくは当選を取り消すことができる。

2　前項の規定は、創立総会の場合にこれを準用する。

3　第二項の規定による処分については、行政手続法（平成五年法律第八十八号）第三章（第十二条及び第十四条を除く。）の規定は、適用しない。

処理させることにしたものと解せられ、ただ右決議等の瑕疵が重大な場合換言すれば組合決議が不存在ないし手続的内容的に無効と目される場合に限って裁判所に対し直接救済を求めることができるものと解するのが相当である。

（総覧一一五一頁・時報七一八号八五頁）

三―一―四　水協法に基づいて設立せられた組合の決議は、無効又は不存在の瑕疵あるとき同法第一二五条にかかわらず、裁判所は直接判断しうるとした事例

高松高裁民、昭和四三年(ネ)第二九〇号

昭四四・一〇・二二判決、棄却

一審　高知地裁須崎支部

関係条文　水協法一二五条

水協法上の漁業協同組合の総会の議決の内容に瑕疵があって議決が当然無効の場合及び議決の手続、内容いずれの瑕疵であるかを問わず、瑕疵の性質、程度が重大であって議決が不存在の場合については、水協法の規定は何らの定めをしていないものと解されるので、これらの場合に限り、しかもこれらが現在の法律関係に影響を及ぼす限りにおいて、一般原則に従い、直接裁判所に対し訴を提起し、右無効又は不存在を前提問題として裁判所の判断を求めることは当然許されるところと解するのが相当である。

（総覧一一五五頁・時報五九六号五七頁）

三―一―五　水協法に基づいて設立せられた組合の総会の決議に関し、同法第一二五条所定の決議取消請求によらないで、右決議の不存在又は無効を主張することの可否

広島高裁民、昭和三五年(ネ)第八七号
昭三六・一二・一一判決、変更確定
一審　広島地裁
関係条文　水協法一二五条、商法二四七条一項・二五二条

水産業協同組合法に基づいて設立せられた組合の総会の決議については、同法がその第一二五条において別に行政庁に対する決議取消請求の途を開き商法第二四七条、第二五二条の如き規定をおかなかった趣旨に鑑み、右商法の諸規定において認められたような形成訴訟としての決議無効確認又は取消しの訴を直接裁判所に提起することは許されないが、右決議が不存在又は無効であるときには、これが現在の権利関係に影響を及ぼすかぎり、一般原則に従い、前提問題として右不存在又は無効を主張することは許される。

（総覧一一六〇頁・高裁民集一四巻九号六七六頁）

三―一―六　水協法第一二五条の規定は、同条の請求手続を経なければ司法裁判所に出訴することを禁ずる趣旨か。

長崎地裁民、昭和三五年(行)第三号
昭三七・一〇・四判決、棄却

関係条文　水協法一条・二条・五条・一二五条

水産業協同組合法第一二五条の規定は、組合に対する行政庁の監督権の内容とその発動の条件を規定したものにすぎず、組合の決議が手続上の瑕疵で無効な場合にも、同条の請求手続を経ることなく右決議の無効ないし無効を前提とする現在の権利義務関係につき司法裁判所に出訴できると解すべきである。

（総覧一一六九頁・行政集一三巻一〇号一三三三頁）

三―一―七　漁業協同組合の総会決議の無効確認及びその取消しを求める訴の適否

高松地裁民、昭和三六年(ワ)第一一四号

昭三七・一一・三〇判決、棄却

関係条文　水協法四一条・一二二条・一二五条・一二七条、商法二四七条・二五二条

水産業協同組合法による組合は性格上利益的面よりもむしろ公益的色彩を帯有することから同法第一二二条ないし第一二七条により行政庁から厳重な監督を受けることによってその運用の公正が担保されるからであって、商法の準用規定のない水産業協同組合法上の組合については、その決議無効は訴によらずしてこれを主張しうるものであり適法の法律関係にすぎない決議の無効自体を独立して請求することは確認を欠くものと言わなければならない。また、決議取消の訴についても、水産業協同組合法には規定がなくかつ

商法第二四条も準用していないところ同組合法第一二五条の規定によれば、商法第二四七条所定の瑕疵が存する場合、組合員は監督行政庁に対しその決議取消を求めうる旨規定していること、及び前記協同組合の法的性格を併せ考えるとたとえ決議に違法があつても直接裁判所に対し決議取消を求める民事訴訟を提起することはできないものと解する。

（総覧一一七五頁・下裁民集一三巻一一号二四〇八頁）

三―一―八　水協法第一二五条第一項の役員解任議決取消請求却下処分後、解任役員を役員に選挙することの可否

福岡高裁民、昭和三五年(ラ)第七三号

昭三五・九・五判決、棄却（確定）

一審　長崎地裁

関係条文　水協法四四条・一二五条一項

一　漁業協同組合の役員が、水産業協同組合法第四四条第二項但し書違反を理由として組合総会において解任を議決され、これに対する同法第一二五条第一項の取消請求が監督行政庁から却下され、却下処分が確定したとしても、その後組合総会において、現任役員の任期の残りの期間中、右被解任役員を改めて役員に選挙することを妨げない。

二　漁業協同組合の組合員は、たんに組合員であるという資格だけでは、組合理事の職務執行停止の仮処分を求めることはできない。

（総覧一一八〇頁・高裁民集一三巻六号五九八頁）

三—一—九　漁業協同組合総会決議取消請求棄却決定取消請求が却下された事例

熊本地裁民、昭和五九年(行ウ)第三号

昭五九・九・二八決定、却下

関係条文　水協法一二五条・一二七条、行政不服審査法五条一項・二項、行訴法一四条一項・四項

水協法第一二五条による総会決議取消請求に対して知事のなした棄却決定に不服がある場合、その不服申立ては農林水産大臣に対する審査請求によるべきものであり、知事に対する異議申立ては不適法である。

(総覧続巻四四二頁・自治一〇号一一五頁)

三—一—一〇　漁業協同組合の組合員が総会決議に関し、県知事に対し決議取消請求却下処分の取消しを、農林水産大臣に対し棄却裁決の取消しを、国に対し不法行為に基づく損害賠償を求めた訴訟について、他の漁業協同組合の組合員がした補助参加の申立てが却下された事例

熊本地裁民、平成四年(行ウ)第四号

平四・一〇・二八決定、却下

関係条文　水協法一二五条一項、民訴法六四条

補助参加が認められるためには、第三者が他人間の訴訟の判決主文で示される判断に法律上の利害関係を有する場合であることを必要とし、単に社会

的にみて事実上共通の立場にあるだけでは足らないと解すべきところ、行訴法第三二条によって取消判決の効力が第三者に及ぶとしても中立人らと漁業協同組合との関係は、被参加人と相手方らとの関係とは別個のものであって法律上何らの影響も受けるものではないし、棄却判決の効力は第三者に及ばないから、中立人らは本件訴訟の結果について民訴法第六四条にいう利害関係を有するものではない。

（総覧続巻四四四頁・自治一一〇号九六頁）

三―一―一一　水協法第一二五条第一項に基づく漁業協同組合の総会決議の取消請求却下決定及び右決定に対する審査請求棄却裁決の取消請求につき、控訴人主張の違法事実は同項の取消し事由に該当しないとして請求を棄却するとともに、右決定及び裁決の違法並びに審査請求を二〇か月余放置していたことを理由とする損害賠償請求を棄却した現審の判断が維持された事例

最高裁二小、平成六年(行ツ)第一八二号

平六・一二・一六判決、棄却

一審　熊本地裁　　二審　福岡高裁

関係条文　水協法一二五条一項、国家賠償法一条一項・二条一項

水協法第一二五条第一項が総会の招集手続、議決の方法又は選挙が法令、法令に基づいてする行政庁の処分又は定款若しくは規約に違反することを理由とする場合に総会決議の取消しを請求できると規定している趣旨は、その

瑕疵が内容にわたらない形式的違法の場合には、日常的に組合の監督に当たりその実際上の運営その他諸般の情勢に精通している監督行政庁に取消権を認めて早期に合目的的にこれを確定させる方が瑕疵ある組合の管理運営を迅速に治癒できるとする意図によるものであり、同条に基づく取消請求は、総会の招集手続、議決の方法又は選挙が法令等に違反する場合にのみ認められ、それ以外の決議内容の瑕疵等を理由とする場合には許されないとした上、原告主張の決議の瑕疵はすべてその内容について法令、定款及び公序良俗違反をいうものであるから、取消事由に該当しない。また、審理の経緯に照らして農林水産大臣が原告の審査請求を違法に放置していたものとは認められない。

（総覧続巻四四六頁・自治一二五号一〇四頁）

第四章　罰　　則

第一節　罰則（一二八条）

四―一―一　登記取引とは、価格の変動により利益を得る目的をもつてする動産、不動産もしくは有価証券の有償取得を目的とする取引をいう。

福岡高裁刑、昭和二七年(う)第一一三五号、一一三六号

昭二七・八・二五判決、棄却

一審　福岡地裁

関係条文　水協法一二八条

一　いわゆる投機取引は、価格の変動により利益を得る目的をもつてする動産、不動産もしくは有価証券の有償取得を目的とする取引、換言すれば、後日高価に販売する意思であらかじめ安価に購入する売買を指称し、株式取引所における差金取引ないしは為替相場の変動を利用する外国為替の売買等の非現物売買に限定すべきものでないと解する。

二　本条は営利取引の全部を取締りの対象とするものでなく、営利取引中の投機取引を取締りの対象としている。

（総覧一一九〇頁・高裁刑特報一九号一一三頁）

第百二十八条　組合の役員がいかなる名義をもつてするを問わず、組合の事業の範囲外において、貸付をし、若しくは手形の割引をし又は投機取引のために組合の財産を処分したときは、これを三年以下の懲役又は百万円以下の罰金に処する。

2　前項の罪を犯した者には、情状に因り懲役及び罰金を併科することができる。

3　第一項の規定は、刑法に正条がある場合には、これを適用しない。

第五部

漁船法

第一章　総　　則

第一節　漁船の定義（二条）

一—一—一　遠洋まぐろ漁船につき本邦を出港し一年有余の漁獲ののち帰港するまでの全航海が商法第八四二条第六号所定の「航海」に当たるとされた事例

最高裁一小民、昭和五四年(オ)第四一二号

昭五八・三・二四判決、上告棄却

一審　静岡地裁　　二審　東京高裁

関係条文　漁船法二条、船舶法三五条、商法八四二条

漁場が遠方洋上にあつて漁獲期間が一年有余にわたること、漁獲物の刺身用まぐろが本邦でのみ消費され海外での水揚げはできないこと、漁具及び餌が特殊なもので本邦でしか調達できないことなどから、本邦を出港し本邦に帰港するまでを一航海として、水揚げ代金から船員の生産奨励金、補給その他経費の各債権の清算をする方式がとられている遠洋まぐろ漁船にあつては、本邦を出港し、漁獲に従事し、再び本邦に帰港するまでの全航海が、船舶法第三五条によつて準用される商法第八四二条第六号所定の「航海」に該当する。

（総覧一一九五頁・タイムズ二八三号一一四頁）

第二条　この法律において「漁船」とは、左の各号の一に該当する日本船舶をいう。

一　もつぱら漁業に従事する船舶

二　漁業に従事する船舶で漁獲物の保蔵又は製造の設備を有するもの

三　もつぱら漁業から漁獲物又はその製品を運搬する船舶

四　もつぱら漁業に関する試験、調査、指導若しくは練習に従事する船舶又は漁業の取締に従事する船舶であつて漁ろう設備を有するもの

（以下略）

第二章　漁船の登録

第一節　漁船の登録（九条）

二―一―一　漁船法に基づく登録は、単なる行政上の取締り並びに管理のための登録に過ぎない。

福岡高裁民、昭和五三年(ラ)第一三八号
昭五四・三・九決定、抗告棄却（確定）
一審　長崎地裁厳原支部
関係条文　漁船法九条、商法六八六条・六八七条・八四六条・八四八条、民法八六条・三三条

一　漁船法第九条に基づく登録は、商法の規定に基づく私法上の権利関係を公示するための船舶登記と異なり、単なる行政上の取締り並びに管理のための登録に過ぎないので、右登録のあることをもつて、商法第八四六条の適用ありとすることはできない。

二　二〇トン以上の商法第六八六条に基づく登記船舶についての船舶先取特権は、当該船舶を譲り受けた第三者に対して追及性を有するが、二〇トン未満の非登記船舶についての船舶先取特権は、追及性を有せず、該船舶が第三者に譲渡引き渡されたときは、右船舶につきこれを行うことができない。

第九条　漁船（総トン数一トン未満の無動力漁船を除く。）は、その所有者がその主たる根拠地を管轄する都道府県知事の備える漁船原簿に登録を受けたものでなければ、これを漁船として使用してはならない。
（以下略）

（総覧一一九九頁・金融商事五七九号三〇頁）

第二節　登録番号の表示（一三条）

二―二―一　漁船の登録番号の表示が、甚だ不完全かつ不鮮明である場合は、漁船法第一三条の表示に該当しない。

福岡高裁刑、昭和三五年(ウ)第九三四号
昭三五・九・二八判決、棄却
一審　大分地裁
関係条文　漁船法一三条、同法施行規則一三条

一　漁船法第一三条が漁船にその登録番号を表示せしめることとしたのは、同法が漁船の性能の向上を図ることなどの目的で登録制度等を確立実施しようとすることに伴い、当該漁船の登録の有無並びにその登録番号を他より容易に識別し得せしめようとの趣旨に出たものと解される。

二　本件の登録番号の表示の仕方は、全然表示がないとは言えないけれども、甚だ不完全かつ不鮮明であつて全体としては他よりこれを識別することも判読することも不可能であるから、漁船法第一三条、同法施行規則第一三条の表示をいうにあたらない。

（総覧一二〇二頁）

二―二―二　漁船の修理期間中における漁船法第一三条の登録番号表示義務

第十三条　漁船の所有者は、第十一条第一項の規定により登録票の交付を受けたときは、同条第二項の場合を除き、遅滞なく登録票に記載された登録番号を当該漁船に表示しなければならない。同項の規定により登録票の交付を受けた漁船の使用者についても同様とする。

〈漁船法施行規則〉（昭和二五年八月一二日農林省令第九五号）

第十三条　法第十三条の登録番号は、附録第二に定めるところにより附するものとし、その表示は、別記様式第十一号により船橋又は船首の両側の外部その他最も見易い場所に鮮明にしなければならない。

の有無

名古屋高裁金沢支部刑、昭和四六年(ウ)第一六六号

昭四七・一一・一九裁決、棄却

原審　珠洲簡裁

関係条文　漁船法一三条、同法施行規則一三条

漁船法第一三条における漁船登録番号の表示義務は、破損等特別の事情により船体に表示することが不可能な場合は別として、それが可能である限り表示する義務を負うものと解される。

（総覧一二〇三頁・刑裁月報昭四七年一一月一一七九頁）

第六部

漁港法

第一章　漁港修築事業

第一節　施行者及び施行の許可（一八条、一九条）

一―一―一　既に海水浴場として使用している海岸を取り込んで漁港を修築する町長の行為が、職務上の義務に反する違法なものであるとはいえないとされた事例

松山地裁民、昭和四九年行(ウ)第三号
昭五三・五・二九判決、棄却（確定）
関係条文　漁港法一八条・一九条一項、地方自治法二四二条・二四二条の二・一項一号

地方自治は、住民の健康保全と部分的な福祉の増進のみを目的とするものでなく、多角的な目的があり、他の目的を達することにより、また福祉の増進があるから、長浜町が既存の海水浴場の一部を取入れて本件漁港を修築する政策を立て、被告が執行機関としてこの政策を推進したとしてもそれは、また被告の職分の一面を果すこととなるのであるから、本件漁港の修築が被告の職務上の義務に反して違法であるとは言えない。

（総覧一二〇七頁・行政集二九巻五号一〇八一頁）

第十八条　漁港修築事業は、国、漁港の所在地の地方公共団体又は漁港を地区内に有する水産業協同組合でなければ、施行することができない。

第十九条　国以外の者が漁港修築事業を施行しようとする場合（次条第一項の特定第三種漁港に係る場合を除く。）には、第十七条第一項の漁港の整備計画に基いて漁港修築計画を定めた上、農林大臣の許可を受けなければならない。

（以下略）

第二章　漁港の維持管理

第一節　漁港管理者の決定及び職責（二五条、二六条）

二―一―一　漁港管理者は、漁港の区域内における道路を一般の交通のために使用させる場合においては、事故発生の危険性を防止するための安全設備を設置する義務がある。

福岡高裁民、昭和五〇年(ネ)第九七号
昭五二・四・二七判決、一部認容、一部棄却
一審　長崎地裁
関係条文　漁港法二五条・二六条、国家賠償法二条一項

漁港管理者は、漁港の区域内における道路を一般の交通のために使用させていたのであるから事故発生の危険性がある以上これを防止するために安全設備を設置すべきことは当然であつて、ガードレール等を設置する義務を免がれることができないことはいうまでもない。したがつて漁港管理者が管理する本件道路にはその設置又は管理に瑕疵のあつたことが認められる。

（総覧一二一八頁）

二―一―二　漁港内の沈没船に衝突した船舶の沈没事故につき、漁港管理者にも損害賠償責任があるとされた事例

第二十五条　漁港の維持、保全及び運営その他漁港の維持管理の適正を図るために、農林水産大臣は、漁港審議会の議を経て定める基準に従い、且つ、関係都道府県知事の意見を徴し、当該漁港の所在地の地方公共団体を漁港管理者に指定する。

2　前項の規定により指定された地方公共団体は、正当の事由がない限り、当該指定を拒むことができない。

3　農林水産大臣は、漁港管理者が、漁港の維持管理を適正に行わず、又は漁港管理者として適当でないと認める場合には、第一項の規定による漁港管理者の指定を取り消すことができる。

福岡地裁民、昭和四五年(ワ)第九九三号
昭四八・一一・三〇判決、一部認容、一部棄却（確定）
関係条文　漁港法二五条・二六条、民法七〇五条・七一五条

本件事故発生地が山口県下関水産事務局の管轄区域内であり、その管轄区域では下関漁港管理条例により施設の維持・管理、保全に尽すべき責務を負担しているのであるから、当然船舶が安全に航行できるように監視すべき義務があるにもかかわらず、沈船に気がつかず、適切な処置を行わなかつたことは、下関水産事務局の監視員の過失であり、この過失も加わつて本件事故が発生したものというべきである。

（総覧一二二五頁・時報七四七号八六頁）

二―一―三　漁港管理者である町が漁港水域内の不法設置に係るヨット係留杭を法規に基づかずに強制撤去する費用を支出したことが違法とはいえないとされた事例

最高裁二小民、平成元年行(ツ)第九九号
平三・三・八判決、一部棄却
一審　千葉地裁　二審　東京高裁
関係条文　漁港法二六条、民法七二〇条、行政代執行法二条、地方自治法二条三項一号

漁港管理者である町が当該漁港の区域内の水域に不法に設置されたヨット係留杭を漁港管理規程が制定されていなかつたため法規に基づかずに強制撤

4　農林水産大臣は、前項の規定により漁港管理者の指定を取り消そうとするときは、公聴会を開かなければならない。

5　第一項の指定及び第三項の取消は、告示でする。

第二十六条　漁港管理者は、漁港管理規程を定め、これに従い漁港の維持管理をする責に任ずる外、漁港の発展のために必要な調査研究及び統計資料の作成を行うものとする。

去する費用を支出した場合において、右係留杭の不法設置により、その設置水域においては、漁港等の航行可能な水路が狭められ、特に夜間、干潟時に航行する漁船等にとつて極めて危険な状況が生じていたのに、右係留杭の除去命令権限を有する県知事は直ちには撤去することができないとし、その設置者においても右県知事の至急撤去の指示にもかかわらず、撤去しようとしなかつたなど判示の事実関係の下においては、右撤去費用の支出は、緊急の事態に対処するためのやむを得ない措置に係る支出として違法とはいえない。

（総覧続巻四五二頁・最高裁民集四五巻三号一六四頁・時報一三九三号八三頁）

二—一—四　船舶の停係泊許可申請の受理拒否により営業上の損害を被つたとする損害賠償請求が棄却された事例

横浜地裁民、昭和五二年(ワ)第一八六九号

昭六〇・二・二五判決、棄却

関係条文　漁港法二五条一項・二六条

漁港管理条例に基づく船舶（ヨット）の停係泊許可申請の受理拒否により営業上の損害を被つたとするヨット管理業者からの損害賠償請求につき、最終の許可に係る有効期間の経過後、適式な停係泊の許可申請がなされないまま無許可で停係泊していた船舶が退去命令を受け、最終的には自主的に退去したものであるので請求を棄却する。

（自治一四号一一七頁）

第七部

漁業補償等関係法

第一章　民　法

第一節　委　任（六四三条、六五六条）

一一一　漁業協同組合が新港建設及び空港拡張のため支払われた補償金を漁業権者らに配分した方法が委任の趣旨内容に基づく合理的な裁量の範囲を逸脱したものでないとされた事例

宮崎地裁民、昭和五七年(ワ)第一一五五号、昭和五九年ワ第八六九号
平七・三・三一判決、請求棄却・確定
関係条文　民法六四三条・六五六条

本件補償金は、自由漁業者を含めた被告（漁業協同組合）の反対運動をはじめとした一連の交渉の結果、獲得されたものであった。この交渉において、本件補償の対象者を許可漁業権者に限るという話しはなく、むしろ自由漁業者を含めて補償するという前提で交渉が続けられた。県との交渉を具体的に担当した対策委員または交渉委員は、被告の総会における原告を含む組合員決議により選任されたもので、その選任は、原告をはじめとする組合員の意思が反映したものであった。

また、本件補償金の配分案を作った配分委員会の委員は、被告の総会決議により選任されたものであり、配分委員は、配分の先例について調査したうえ、その合議により配分案を決定した。配分委員は、新港補償金の配分の場

第六百四十三条　委任ハ当事者ノ一方カ法律行為ヲ為スコトヲ相手方ニ委託シ相手方カ之ヲ承諾スルニ因リテ其効力ヲ生ス

第六百五十六条　本節ノ規定ハ法律行為ニ非サル事務ノ委託ニ之ヲ準用ス

合には、各漁業者の代表により構成され、各漁業者の利害が実質的に反映される体制であったし、本件空港補償金の配分の場合には、被告の役員が選任されたが、配分案に内容は、本件新港補償金の場合と大きく変わることはなく、委員の構成の変更により、本件新港補償金の配分の場合より原告に不利益な配分案が作成されたとは認められない。そして、配分委員会が作成した配分案は、本件新港補償金の配分の場合も、本件空港補償金の配分の場合も被告の総会において原告を含む組合員らから積極的な異義が述べられることなく、満場一致で承認された。

原告は、被告に対し、合理的な裁量に基づく配分方法による本件補償金の分配を委任したものであり、本件補償に関する交渉の過程においても、被告またはその配分委員会の動向に、明示的に反対の意思表示を行ったことはなかった。それに、原告が、配分委員会の配分案に基づき受けとった本件補償金のうち水揚高割については、原告の依存度が相応に反映されているし、また組合利用高割については、他の組合員と比較してとりたてて不利とはいえない。

（総覧続巻四五九頁・タイムズ八九三号一六一頁）

第二節　不法行為（七〇九条、七一五条、七一七条、七一九条）

一―二―一　河川から採水している養魚池における鰻等の死亡と、国営アル

第七百九条　故意又ハ過失ニ因リテ他

コール工場の廃液放流との間に因果関係が認められなかつた事例

静岡地裁民、昭和三六年(ワ)第一四五号

昭三八・五・一判決、棄却

関係条文　民法七〇九条

国営アルコール工場の放流廃液が右養魚池に汲み入れられた可能性が認められるが、右廃液混入が直接原因であるとは経験上容易に考え難く、却つてイカリ虫駆除のため一週間にわたつて海水を汲み入れた原因による水質の変化の公算が極めて強く、本訴訟請求は因果関係の点につき証明不充分という外ない。

（総覧一二二九頁・訟務九巻五号五七五頁）

一—二—二　工場が有毒なシアン化物を含む廃液を配水路に放流した行為と、配水路下流の養魚場の鯉の斃死事故との間の因果関係の存在を認めた事例

前橋地裁民、昭和三七(ワ)第八五号

昭四六・三・二三判決、一部認容、一部棄却

関係条文　民法七〇九条・七一七条

一　河川汚濁・大気汚染による損害賠償請求訴訟における侵害行為と損害発生との間の因果関係に関する立証の程度

二　農業用配水路上流の工場が有毒なシアン化物を含む廃液を配水路に放流した行為と配水路下流の養魚場の鯉の斃死事故との間に因果関係の存在を

人ノ権利ヲ侵害シタル者ハ之ニ因リテ生シタル損害ヲ賠償スル責ニ任ス

第七百十五条　或事業ノ為メニ他人ヲ使用スル者ハ被用者カ其事業ノ執行ニ付キ第三者ニ加ヘタル損害ヲ賠償スル責ニ任ス但使用者カ被用者ノ選任及ヒ其事業ノ監督ニ付キ相当ノ注意ヲ為シタルトキ又ハ相当ノ注意ヲ為スモ損害カ生スヘカリシトキハ此限ニ在ラス

② 使用者ニ代リテ事業ヲ監督スル者モ亦前項ノ責ニ任ス

③ 前二項ノ規定ハ使用者又ハ監督者ヨリ被用者ニ対スル求償権ノ行使ヲ妨ケス

第七百十七条　土地ノ工作物ノ設置又ハ保存ニ瑕疵アルニ因リテ他人ニ損害ヲ生シタルトキハ其工作物ノ占有者ハ被害者ニ対シテ損害賠償ノ責ニ任ス但占有者カ損害ノ発生ヲ防止スルニ必要ナル注意ヲ為シタルトキハ

認められる。

（総覧一二三七頁・下裁民集二二巻三・四号二九三頁）

一―二―三　水田の除草作業の際に撒布した除草剤ＰＣＰの溶解水による養鱒場の被害につき、因果関係と過失を認め、損害賠償請求を認容した事例

仙台高裁民、昭和四四年(ネ)第一三七号

昭四九・七・一五判決、一部認容、一部棄却

一審　山形地裁

関係条文　民法七〇九条・七一五条

養鱒場における虹鱒の斃死等の事故は、被控訴人（被告）の被用者らが本件水田に撒布したＰＣＰ粒剤の溶解した水が養鱒場に流入したことによって生じたものとみるのを相当とする。

（総覧一二四八頁・時報七六四号四五頁）

一―二―四　県の宅地造成工事及び市の公園造成工事により湖が汚染され漁業権が侵害されたとして、右湖を漁場とする漁業協同組合の組合員から求めた県及び市に対する損害賠償請求を認めた事例

熊本地裁民、昭和四二年(ワ)第二五三号

昭五二・二・二八判決、一部認容、一部棄却

関係条文　民法五三条・七〇九条・七一五条・七一九条、漁業法六

其損害ハ所有者之ヲ賠償スルコトヲ要ス

②　前項ノ規定ハ竹木ノ栽植又ハ支持ニ瑕疵アル場合ニ之ヲ準用ス

③　前二項ノ場合ニ於テ他ニ損害ノ原因ニ付キ其責ニ任スヘキ者アルトキハ占有者又ハ所有者ハ之ニ対シテ求償権ヲ行使スルコトヲ得

第七百十九条　数人カ共同ノ不法行為ニ因リテ他人ニ損害ヲ加ヘタルトキハ各自連帯ニテ其賠償ノ責ニ任ス共同行為者中ノ孰レカ其損害ヲ加ヘタルカヲ知ルコト能ハサルトキモ亦同シ

②　教唆者及ヒ幇助者ハ之ヲ共同行為者ト看做ス

条・八条

本件各工事を施行するに際しては、その結果漁場環境及び水産動植物に悪影響を及ぼさないような措置を講じるかあるいはそれが不可能な場合にはかかる工事を断念し、訴外組合の組合員が有する行使権ないし漁業上の利害に対する侵害を未然に防止すべき注意義務があるところ、被告県の担当職員は汚水の濾過装置として十分な機能を果たし得ない余水吐を設置しただけでその外に何ら適切な措置を講じないままポンプ浚渫船によつて上江津湖を浚渫するという本件工事を施行し、被告市の担当職員もその直後同様にして本件工事を施行し、順次江津湖の広い範囲を相当深く掘下げ、大量に泥水を下江津湖に流入させた過失により両江津湖の漁場環境の悪化延いては漁獲の減少を招来して訴外組合の組合員である原告らの前記権利乃至利益を侵害したのであるから、被告らの担当職員らの右行為は違法であつて共同不法行為を構成するものである。しかして右職員らはいずれも被告らの被用者であつて、右各行為は被告らのための各事業を執行するについてなした不法行為であるから、被告らは、民法第七一五条、第七一九条に基づき、原告らが被つた損害を連帯して賠償すべき義務がある。

（総覧一二五三頁・時報八七五号九〇頁）

一―二―五　農林省が公有水面を干拓したところ、その付近の定置漁業者から右干拓のために漁獲高が減少し損害を蒙つたとして損害賠償を請求した事例

鹿児島地裁民、昭和二七年(ワ)第三一八号
昭三〇・六・二一判決、棄却
関係条文　民法七〇九条、公有水面埋立法二条・四二条、漁業法六条・二三条

定置漁業の主たる目的魚は外洋性を有し従前の干拓された浅い海辺まで押し寄せることはほとんどなく、これらの魚類には別に沖合から定置網に乗網する魚道があるから本件干拓工事による潮流の変化は沿岸定置網に乗網する魚群の魚道に対して何らの変化も影響も与えていないこと、また海水の汚濁は降雨の際に限られる一時的現象に過ぎず、しかも距離が遠ざかる程海水の汚濁することは少ないものであり、本件漁場の位置は原告主張のように現場から三粁余の遠距離にあるため、海水の汚濁により魚群が乗網しないということはほとんどないことが認められるから本件漁場における漁獲高の減少が本件干拓工事並びに松島漁場の位置の変更に基因するものとは認めることができない。

（総覧三五五頁・訟務一巻五号九二頁）

一―二―六　漁業協同組合連合会は河川への土砂流出による漁獲量減少の被害者ではないとされた事例

東京高裁民、昭和五五年(ネ)第一三〇号
昭五六・六・二九判決、控訴棄却
一審　宇都宮地裁

関係条文　民法七〇九条

漁業協同組合連合会は、組合員から賦課金、その他の者からは入漁料を徴収する立場にあるにすぎないので、河川への土砂流出による漁獲量減少による直接の被害者とはいえない。

（総覧一二七五頁・時報一〇〇九号六六頁）

一―二―七　ノリ養殖業者からの多奈川第二火力発電所を建設した関西電力株式会社に対する損害賠償請求が棄却された事例

大阪地裁民、昭和五三年(ワ)第三三七二号

昭五八・五・三〇判決、棄却（確定）

関係条文　民法七〇九条、漁業法八条・九条・一〇条・一四三条

漁業協同組合との補償契約は、組合員である原告に対しその効力を及ぼし、これを拘束することとなり、したがつて、本件温排水放出の違法性の有無を問うまでもなく、原告は本件温排水放出等第二火力の通常の保守運営により原告のノリ養殖業が被る損害に対し、右契約で定められた補償金以外の漁業上の一切の損失補償請求をなしえないこととなるところ、原告の請求する請求原因の損害が右通常の保守運営としての本件補償契約中に定める操業規模をこえる本件温排水によるものである点については何らの主張立証もないから、原告の右損害の請求をなしえないというべきである。

（総覧六四頁・時報一〇九七号八一頁）

一―二―八　漁業権者である漁業協同組合が組合員の漁業を営む権利を組合員の個別の授権なくして処分ができないとされた事例

大阪地裁民、昭和五三年(ワ)第三二七二号

昭五八・五・三〇判決、棄却（確定）

関係条文　民法七〇九条、漁業法八条・九条・一〇条・一四三条

組合員の漁業を営む権利は、組合という団体の構成員としての地位と不可分ないわゆる社員権的権利であるが、漁業権そのものではなく、基本権たる漁業権から派生している個別独立の権利であって、その侵害に対しても独立に損害賠償請求権を発生せしめることとなるというべく、したがって、漁業権の変更消滅時には以後これと運命をともにするとしても、独立に存在する限りにおいては、権利の帰属者も異なるのであり、その処分就中その侵害に対する補償処理も漁業権におけるとは別個独立の法理に服することとなり、漁業権者である組合が組合員の個別の授権なくして当然に組合員の漁業を営む権利を処分できるものではない。

（総覧六四頁・時報一〇九七号八一頁）

一―二―九　漁業を営む権利を侵害されたとする漁業協同組合の組合員の損害賠償請求が棄却された事例

仙台高裁民、昭和六三年(ネ)第四一一号

平元・一〇・三〇判決、棄却（確定）

一審　秋田地裁

関係条文　民法七〇九条、漁業法八条・九条・一〇条・一四三条

国の港湾整備計画に基づいて被控訴人秋田県が行った能代港の港湾整備工事に伴う土砂投棄等により、漁業を営んでいた控訴人らの漁獲高が減少したなどとしてなされた損害賠償請求が、控訴人らの漁業を営む権利の基礎となる共同漁業権の主体である漁業協同組合と控訴人との間での漁業補償契約の締結とこれに基づく補償金の支払いによって、すでに処理済みである。

（総覧続巻六七頁・自治七一号八八頁）

一―二―一〇　養殖池の鰻の大量へい死事故に関する損害賠償請求が棄却された事例

岡山地裁民、昭和五九年(ワ)第六八五号

平三・五・八判決、棄却

関係条文　民法七〇九条、漁業法八条・九条・一〇条・一四三条

鰻の大量へい死の発生時期、場所及び状況、鰻の腹部、えら弁及びえらの状態並びに他に細菌やウイルスの感染が認められなかったことを総合すると、鰻のへい死の原因がえら腎炎であることは明らかである。しかも養鰻池へ用水路からの取水を再開した時期が遅いこと、取水再開前に工事部分の清掃をしていること、水質測定の際の用水路のPH値も自然に生じうる程度のものであったこと等に照らすと、灰汁のアルカリがえら腎炎を発生させる一つの原因になったとも考えられない。したがって市の所有・管理にかかる用水路から取水する養殖池で発生した鰻の大量へい死事故については、土地改

良区が実施した右用水路の改良工事と右事故との間の因果関係は認められない。

（総覧続巻四八五頁・自治九〇号六七頁）

一一二一　漁業協同組合及び漁民らの電力会社に対する原子力発電所の立地環境影響調査禁止の仮処分申立てが却下された事例

山口地裁岩国支部民、平成七年(ヨ)第三号

平七・一〇・一一決定、却下

関係条文　民法七〇九条、漁業法二三条、民事保全法二三条二項

債権者らが本件立地調査により蒙る損害が前記で認定した限度にとどまっていること、右立地調査において債権者らの漁業操業に最も重大な影響を及ぼす機器を固定して行う流況調査については、漁業権と同様物権とみなされるものではないにしろ、同一の法的性質を有するいわゆる公共用物に対する特許使用権を生じさせる本件占有許可を得たうえで、右権利に基づき行われていること、本件立地調査の実施は一時的なものであり恒常的なものではないこと等を併せ考えると、本件立地調査により債権者らの漁業操業に支障を来し損害が発生していることは認められるにしろ、また、債権者らが、同人らにとって自らの庭のごとき存在であり、しかも何代にもわたり自由に操業して自らの生活の糧を得ていた場所である本件調査海域において、同人らが反対する原子力発電所設置を前提とする本件立地調査を債権者漁協の個別同意なしに実施することが、あたかも「平穏な住居に無断で侵入するような暴

挙」（債権者ら準備書面からの引用）であるかのように受け止める心情が理解できないではなく、このような精神的怒りや苦しみを考慮に入れても、なお、本件立地調査の実施により蒙る債権者らの被害の程度が同人らが有する共同漁業権等に基づく差止め請求を是認するまでに至っていると認めるのは困難である。

（総覧続巻四九二頁・タイムズ九一六号二三七頁）

第三節　分割請求（二五六条、二五八条、二六四条）

一―三―一　共同漁業権放棄に対する補償金の配分について、漁業協同組合内部で対立が起つた事案につき、原告側組合員等の分割請求を認め、共有物分割手続による分割を行つた事例

大阪地裁民、昭和四〇年(ワ)第一二九九号

昭五二・六・三判決、一部認容、一部棄却

関係条文　民法二六四条・二五八条一項、漁業法六条・一四条八項、水協法四八条一項七号

本件各債権が、被告らの共有（準共有）に属するとともに、被告らが、その共有（準共有）持分の分配（分割）請求権を有している。そして被告ら間に本件各債権の分割の協議が調わないことは明らかである。したがつて、当裁判所は、民法第二六四条、第二五八条第一項に基づき、裁判上の共有物分割手続によつて、被告ら間で分割することにする。

（総覧一二七九頁・時報八六五号二二頁）

第二百五十六条　各共有者ハ何時ニテモ共有物ノ分割ヲ請求スルコトヲ得但五年ヲ超エサル期間内分割ヲ為ササル契約ヲ為スコトヲ妨ケス

②　此契約ハ之ヲ更新スルコトヲ得但其期間ハ更新ノ時ヨリ五年ヲ超ユルコトヲ得ス

第二百五十八条　分割ハ共有者ノ協議調ハサルトキハ之ヲ裁判所ニ請求スルコトヲ得

②　前項ノ場合ニ於テ現物ヲ以テ分割ヲ為スコト能ハサルトキ又ハ分割ニ因リテ著シク其価格ヲ損スル虞アル

一―三―二　漁業権に対する補償と、漁業収益をあげていない漁業協同組合の準組合員の関係

最高裁二小民、昭和四七年(オ)第一〇二四号

昭四八・一一・二二判決、棄却

関係条文　民法七〇九条・二五八条、漁業法八条、水協法一八条五項

漁業権に対する補償として実際に漁業収益を得ている漁民に対してなされたときは、漁業協同組合の準組合員にはなっているが、もともと漁民でなく漁業収益をあげていない者は、右補償金の配分を受ける資格を有しない。

（総覧一二九六頁・金融法務七一二号三三頁）

一―三―三　漁業協同組合に支払われた共同漁業権に関する補償金等は組合員の総有に属し、組合員はその持分の分割請求権を有する。

大阪地裁民、昭和四〇年(ワ)第一二九九号

昭五二・六・三判決一部認容、一部棄却

関係条文　民法二五六条・二六四条、漁業法六条・八条一項・一四条八項

共同漁業権の喪失による損失を補償する目的で漁業協同組合に支払われた漁業補償金等が右組合の組合員全員の総有（広義の共有）に属し、右組合員は、その持分の分割請求権を有する。

（総覧一四三頁・下裁民集二八巻五―八号六五五頁）

トキハ裁判所ハ其競売ヲ命スルコトヲ得

第二百六十四条　本節ノ規定ハ数人ニテ所有権以外ノ財産権ヲ有スル場合ニ之ヲ準用ス但法令ニ別段ノ定アルトキハ此限ニ在ラス

第二章　国家賠償法

第一節　公権力の行使に当る公務員の加害による損害の賠償責任（一条）

二―一―一　県知事が既存の共同漁業権の区域内における区画漁業権の漁場計画を樹立するに際し、異議がない旨の虚偽の組合総会議事録等を看過したことに注意義務違反はないとされた事例

広島地裁民、昭和五四年(ワ)第七八六号

昭六一・六・一六判決、一部認容・一部棄却

関係条文　国家賠償法一条・二六四条、漁業法一〇条・一一条

県知事が既存の共同漁業権の区域内における区画漁業の免許を付与するに際し、共同漁業権者である漁業協同組合の組合長が作成した右区画漁業に異議がない旨の虚偽の組合総会議事録について特段瑕疵の存在を疑わせるような形式上の不自然な点は見受けられなかつたこと、区画漁業権を取得しようとする区域と共同漁業権の区域が重なり合う部分はわずかであつたこと、海区漁業調整委員会が実施した公聴会においても反対意見は出ず、同委員会も異議がない旨の答申をしたこと等から、漁業調整その他公益上の支障はないものと判断して漁場計画を樹立し、区画漁業の免許を付与したものと認められ、知事が虚偽の右組合総会議事録等を看過したことに注意義務違反はない

第一条　国又は公共団体の公権力の行使に当る公務員が、その職務を行うについて、故意又は過失によつて違法に他人に損害を加えたときは、国又は公共団体が、これを賠償する責に任ずる。

②　前項の場合において、公務員に故意又は重大な過失があつたときは、国又は公共団体は、その公務員に対して求償権を有する。

ので、県に対する損害賠償請求を棄却する。

（総覧続巻一一四頁・自治三〇号八六頁）

二一―二　し尿処理場の排水による損害賠償請求が棄却された事例

松山地裁民、昭和五三年(ワ)第六六号

平四・七・三一判決、棄却

関係条文　国家賠償法一条一項・二条一項・三条一項

し尿処理施設からのし尿排水と養殖のりの収穫量の減少との間の相当因果関係の存在は認められるが、し尿処理施設が設置されたところにはし尿排水ののりへの影響について一致した見解が確立していたとはいえない等の理由で、事務組合の職員がし尿排水ののり養殖への影響につき予見することは困難であり、さらに、し尿処理施設を移転する等することで被害を回避することは極めて困難であった。これらの事情によると、し尿処理施設の設置及び管理に瑕疵はなく、事務組合の職員たる公務員の過失及び違法性は認められない。

（総覧続巻五四二頁・自治一〇六号五四頁）

二一―三　下水処理場の下水処理水差止請求が棄却された事例

仙台地裁民、昭和五七年(ワ)第五八九号

平四・九・一〇判決、棄却

関係条文　国家賠償法一条一項・二条一項・三条一項

漁獲量等のうち減少したものがある事実及び将来その事実の発生の可能性は認められるが、下水処理場の処理排水と右事実及び右可能性との間の因果関係は存在しない。

（総覧続巻五一八頁・自治一〇六号六八頁）

二―一―四　固定式刺網漁業者が操業違反の取締りに落ち度があつたことも一因であるとして国、県に対し行つた損害賠償請求が棄却された事例

福島地裁相馬支部民、昭和六三年(ワ)第三四号（甲事件）・第三五号（乙事件）

平五・七・二七判決、棄却

関係条文　国家賠償法一条一項、漁業法七四条、海上保安庁法二条一項・五条

固定式刺網漁業を営む者が、仕掛けた刺網を底曳網漁船に破られ、漁獲がなくなる損害を繰り返し被つたのは、県及び国の操業違反の取締りに落ち度があつたこともその一因であるとして、県及び国に対し、損害賠償を求めた事案につき、底曳網漁船による漁網破損の事実についての立証はなく、また、県の漁業監督吏員及び国の海上保安部所属の海上保安官らが違法操業を黙認放置していた事実を認めるに足りる証拠もないので原告の請求については理由がない。

（総覧続巻二八六頁・自治一三一号一〇五頁）

二一一五　沖合底びき網漁業及び小型底びき網漁業の不許可処分に対する損害賠償の訴えが棄却された事例

福島地裁民、平成五年(ワ)第四三号

平六・一・三一判決、棄却

関係条文　国家賠償法一条一項・二条一項、漁業法五二条一項・六六条一項

沖合底びき網漁業及び小型底びき網漁業の各許可申請に対し、農林水産大臣及び福島県知事が意を通じ、経済的制裁を加える目的で原告を差別して扱い、いずれも許可を与えなかったとする損害賠償の訴えに対し、原告を差別して取り扱ったものであることを認めるに足りる証拠はない。（総覧続巻二〇一頁・自治一三一号一〇五頁）

二一一六　国の堤防復旧工事によって養魚池がサンドポンプの土砂によって埋没した事故につき、国家賠償責任を認めた事例

名古屋高裁民、昭和四四年(ネ)第三〇一号

昭四九・五・三〇判決、一部認容、一部棄却

一審　名古屋地裁

関係条文　国家賠償法一条一項、土地収用法三条五号・九四条・一二二条・一二四条

国は正当なる権原なく私人の池を使用し、土砂を流入させたことについて故意があつたものと認めるのを相当とするから、それにより蒙つた損害とし

て養魚事業不能による逸失利益相当額を賠償する責任があるといわなければならない。

（総覧一二九九頁・時報九六号一二八頁）

二―一―七　無許可漁業者の漁業は法的保護に価しないとして、その湖水汚濁等を理由とする損害賠償請求が認められなかつた事例

大津地裁民、昭和四五年(ワ)第一〇七号

昭五四・八・一三判決、棄却

関係条文　国家賠償法一条、民法七〇九条、漁業法六五条、水産資源保護法四条

追さで網漁業の無許可経営をする者が右漁業の経営について有する経営主体としての利益は、法的保護に価するものとみることはできず、したがつて右利益が侵害されたからといつて、そのことだけで直ちに右侵害行為が違法のものということはできない。

（総覧一三二二頁・時報九四八号九三頁）

二―一―八　定置漁業権の不免許処分を受けた漁業者からの競争出願者に対する免許処分の違法を理由とする国家賠償法に基づく損害賠償請求が棄却された事例

札幌地裁民、昭和五七年(ワ)第二一三三号

昭六二・三・二五判決、棄却（確定）

関係条文　国家賠償法一条、漁業法一三条・一六条

原告の漁業法第一三条第一項第一号（適格性を有する者でない場合）及び同条同項三号（同種の漁業を内容とする漁業権の不当な集中がある場合）所定の不免許事由の存在を理由とする本件免許処分の違法性の主張は失当であり、その余の点を判断するまでもなく、原告の本件国家賠償請求は理由がない。

（総覧続巻一三三頁・訟務三三巻一二号三〇一一頁）

二―一―九　知事による定置漁業の不免許処分が違法とされ、慰謝料請求が認容された事例

札幌地裁民、昭和六三年行(ウ)第一一号

平六・八・二九判決、一部認容・確定

関係条文　国家賠償法一条一項・三条一項、民法七一〇条、漁業法一〇条・一六条

Xは、その目的は漁業を営むことを主たる目的とする法人であると認められるから、原告らと同様、漁業者として漁民に該当するというべきであるが、本件漁業権の免許申請をした昭和五九年二月一〇日よりわずか数日を先立つ同年二月六日に設立された有限会社であり、それ自体は、同種の漁業に経験がある者とは到底いえないから、原告Yが漁業法第一六条第二項に基づいてXに優先するというべきであり、結局、本件漁業権について、漁業法第一六条第一一項に基づき、原告らがXらに優先することになる。

このように、本件申請において原告らがXらに優先すべきであったところ、

知事及び海区漁業調整委員会に対し本件各処分前の段階で原告Yからの指摘があつたことをも考慮すると、知事及び右委員会は、原告ら外一名とXらとの優先順位についてより慎重に検討すべきであるにかかわらずこれを怠り、誤つた判断のもとで本件各処分をするにつき過失があつたというべきである。したがつて、被告は、国家賠償法第一条第一項、第三項第一項に基づき、原告らが本件不免許処分によつて被つた損害を賠償すべき責任がある。

（総覧続巻一三三頁・タイムズ八八〇号一七二頁）

二―一―一〇　無許可漁業者の漁業は法的保護に価しないとして、その湖水汚濁等を理由とする損害賠償請求が認められなかつた事例

大津地裁民、昭和四五年(ワ)第一〇七号

昭五四・八・一三判決、棄却（確定）

関係条文　国家賠償法一条、漁業法六五条、水産資源保護法四条、滋賀県漁業調整規則六条・一〇条・一一条・六一条

追さで網漁業を滋賀県漁業調整規則第六条に基づく無許可で経営をする者が右漁業の経営について有する経営主体としての利益は、法的保護に価するものとみることはできず、したがつて右利益が侵害されたからといつて、そのことだけでただちに右侵害行為が違法のものということはできない。

（総覧続巻二五二頁・時報九四八号九三頁）

第二節　公の営造物の設置管理の瑕疵に基づく損害の賠償責任（二条、三条）

二一二一一　河川を経由した古ビニール等の廃棄物による漁業被害に対し、市、県及び国の国家賠償責任を認めた事例

高知地裁民、昭和四七年(ワ)第一九一号
昭四九・五・二三判決、一部認容、一部棄却
関係条文　国家賠償法一条一項・二条一項・三条一項、漁業法六条五項三号・八条一項・六五条一項、高知県海面漁業調整規則七条

ビニールハウスによる施設園芸の古ビニールで田、あぜ、堤等に山積みされたまま放置されたものが、大雨の際に川に流水し、それが海の漁場に達し、漁業被害（網にかかつたり、漁船のスクリューにまきついたりした。）をもたらした場合につき、地元の市に国家賠償法第一条第一項の責任が、県には同法第三条第一項の責任が、国には同法第二条第一項の責任がある。

（総覧一三三五頁・時報七四二号三〇頁）

第二条　道路、河川その他の公の営造物の設置又は管理に瑕疵があつたために他人に損害を生じたときは、国又は公共団体は、これを賠償する責に任ずる。

②　前項の場合において、他に損害の原因について責に任ずべき者があるときは、国又は公共団体は、これに対して求償権を有する。

第三条　前二条の規定によつて国又は公共団体が損害を賠償する責に任ずる場合において、公務員の選任若しくは監督又は公の営造物の設置若しくは管理に当る者と公務員の俸給、給与その他の費用又は公の営造物の設置若しくは管理の費用を負担する者とが異なるときは、費用を負担する者もまた、その損害を賠償する責

に任ずる。

② 前項の場合において、損害を賠償した者は、内部関係でその損害を賠償する責任ある者に対して求償権を有する。

第三章　公有水面埋立法

第一節　公有水面の定義（一条）

三―一―一　海面及び海面下の土地の私人の所有権が認められないとされた事例

大審院民、大正三年(オ)第七四二号
大四・一二・二八判決、棄却
一審　東京地裁　二審　東京控訴院
関係条文　公有水面埋立法一条、旧漁業法施行規則一七条（現漁業法一三条一項四号）、不動産登記法七九条

海面は行政上の処分をもって一定の区域を限り私人にその私用又は埋立、開墾等の権利を取得させることはあるが、海面のままこれを私人の所有とはなし得ないものである。

（総覧二六七頁・民録二一輯二二七四頁）

三―一―二　満潮時海面下に没する干潟に対する私人の所有権が認められた事例

名古屋地裁民、昭和四六年(行ウ)第一〇号等
昭五一・四・二八判決、認容（控訴）

第一条　本法ニ於テ公有水面ト称スルハ河、海、湖、沼其ノ他ノ公共ノ用ニ供スル水流又ハ水面ニシテ国ノ所有ニ属スルモノヲ謂ヒ埋立ト称スルハ公有水面ノ埋立ヲ謂フ

2　公有水面ノ干拓ハ本法ノ適用ニ付テハ之ヲ埋立ト看做ス

関係条文　公有水面埋立法一条・二四条、漁業法一三条一項四号、民法八五条、不動産登記法八一条ノ八

土地が海没により法律上滅失したか否かは、その経緯、現状、所有者等の意図、科学的技術水準などを総合的に考慮して、その支配可能性、財産的価値の有無を判断したうえで「滅失」と評価できるか否かによって決定しなければならないものと解する。

（総覧二七〇頁・時報八一六号三頁）

第二節　埋立の免許又は承認（二条、四二条）

三―二―一　公有水面埋立免許処分に対する工事の執行停止申立について、回復の困難な損害が生じないとして却下した事例

名古屋地裁民、昭和四八年(行ク)第九号
昭五一・九・八決定、却下
関係条文　公有水面埋立法二条、行訴法九条・二五条

一　本件埋立工事は本件処分によって設定された権利をその予定された方法で実現する行為であり、申立人らは右工事及びその埋立完成によって権利を侵害されると主張しており、申立人らの本件申立は適法である。

二　本件処分によって申立人らに回復困難な損害を生ずるものということはできない。

三　本件埋立免許の効力を停止することは、「公共の福祉に重大な影響を及

第二条　埋立ヲ為サントスル者ハ都道府県知事ノ免許ヲ受クヘシ
（以下略）

第四十二条　国ニ於テ埋立ヲ為サムトスルトキハ当該官庁都道府県知事ノ承認ヲ受クヘシ

②　埋立ニ関スル工事竣功シタルトキハ当該官庁直ニ都道府県知事ニ之ヲ通知スルヘシ
（以下略）

ぼすおそれがある」場合に該当すると認めざるを得ない。

（総覧一三五八頁・時報八三四号四六頁）

三―二―二　公有水面埋立免許処分等取消請求が棄却された事例

最高裁三小民、昭和五七年(行ツ)第一四九号

昭六〇・一二・一七判決、棄却

一審　札幌地裁　二審　札幌高裁

関係条文　公有水面埋立法二条・四条・二三条、漁業法八条三項・五項・行訴法九条

公有水面埋立法第二条の埋立免許及び同法第二二条の竣功認可の取消訴訟につき、当該公有水面の周辺の水面において漁業を営む権利を有するにすぎない者は、原告適格を有しない。

（総覧続巻三一頁・時報一一七九号五六頁・タイムズ五八三号六二頁）

三―二―三　公有水面埋立免許処分に対する埋立工事の執行停止申立について、回復困難な損失を生ずるものといえないとした事例

札幌高裁民、昭和四九年(行ス)第一号

昭四九・一一・五決定、棄却

一審　札幌地裁

関係条文　公有水面埋立法二条・五条、漁業法八条一項二号・一〇条・二三条一項・行訴法九条・二五条二項

本件埋立工事により、漁業に影響があっても、その程度、影響が及ぶ期間及び回復の難易を総合して考察すれば、未だその影響が回復困難なものというに足りない。したがって行政事件訴訟法第二五条第二項にいう回復困難な損害を生ずるものということはできない。

（総覧一七八頁・行政集二五巻一・二号一頁）

三―二―四　漁業法第八条第一項に規定する「漁業を営む権利」と公有水面埋立免許を受けた者に対する妨害排除請求権の有無

青森地裁民、昭和三九年(ワ)第一五号

昭六一・一一・一一判決、棄却

関係条文　公有水面埋立法二条、漁業法八条一項

公有水面埋立免許がなされた以上は、漁業法第八条第一項に規定する「漁業を営む権利」に基づき、右埋立免許を受けた者に対し妨害排除請求権を行使することはできない。

（総覧続巻八八頁・訟務三三巻七号一八五四頁）

三―二―五　公共用水面埋立免許後における当該水面漁業免許の効力

大審院民、昭和一四年(オ)第七二二号

昭一五・二・七判決、棄却

一審　金沢地裁七尾支部　　二審　名古屋控訴院

関係条文　公有水面埋立法一条・二条・二四条、旧漁業法二条（現三

条)・三条(現四条)・四条(現一〇条)・五条(現六条)

公共用水面埋立免許後当該水面に付与された漁業免許は、当然無効のものではなくして、ただ、その埋立に必要であつて水面の公共用と相容れない施設ないし埋立自体によつてその漁業権は漸次減縮し、あるいは全く消滅するに至るべきものと解する。

(総覧一一頁・民集一九巻一一九頁)

三—二—六　威力業務妨害事件につき、行政庁の免許を得て行われた業務の合法性が認められた事例

福岡地裁刑、昭和四九年(わ)第二九六号

昭五四・四・一八判決、一部有罪、一部無罪

関係条文　公有水面埋立法二条・三条、刑法二三四条、船舶安全法一八条二項

一　威力業務妨害の対象となつた業務が行政庁の免許を得て行われたものである場合に、それが不適法であるからといつて、直ちに業務の合法性を否定することにはならず、仮に行政処分の違法性が問題となつたとしても、効力がないことが裁判等で確定される前は、行政処分によつて形成された地位は承認されるべきであり、その地位に基づいてした業務も刑法上保護に値する。

二　臨時航行許可証を受けずに反対運動員らを漁船に乗船させた上、船舶を航行の用に供したとの船舶安全法違反の事実については、当時の法改正経

過、乗船させた経緯及び動機、乗船者との関係、航行の態様並びに同種行為につき規制がなされず不問に付されていたことがあるなどの諸事情に基づき、法秩序全体の見地から考えて、処罰するほどの実質的違法性を欠くものである。

（総覧一三六三頁・時報九三七号一三八頁）

第三節　権利者の同意（四条）

三―三―一　漁業権者が改正前の公有水面埋立法第四条第一号に定める同意をするに当つて、漁業法第八条第五項、第三項の類推適用による同条所定の書面による同意若しくはこれと同一視すべき明確な同意を徴することが必要であるとした事例

福岡高裁民、昭和四六年(行コ)第一三号
昭四八・一〇・一九判決、棄却（確定）
一審　大分地裁
関係条文　公有水面埋立法二条・四条、漁業法八条・一一条一項、水協法四八条・五〇条

漁業権者が公有水面埋立法第四条第一号（現第四条第三項第一号）に定める同意をするについては、該同意による埋立完成（竣工認可）によって漁業権が自然消滅し、その結果、該漁業権に基づく組合員の「漁業を営む権利」もまた失われるに至るから、水産業協同組合法第五〇条、第四八条に定める

第四条　都道府県知事ハ埋立ノ免許ノ出願左ノ各号ニ適合スト認ムル場合ヲ除クノ外埋立ノ免許ヲ為スコトヲ得ス

（中略）

③　都道府県知事ハ埋立ニ関スル工事ノ施行区域内ニ於ケル公有水面ニ関シ権利ヲ有スル者アルトキハ第一項ノ規定ニ依ルノ外左ノ一ニ該当スル場合ニ非ザレバ埋立ノ免許ヲ為ナスコトヲ得ス

一　其ノ公有水面ニ関シ権利ヲ有スル者埋立ニ同意シタルトキ

総会の特別決議及び漁業法第八条第五項、三項の類推適用による、同条所定の書面による同意若しくはこれと同一視し得べき明確な同意を徴することを必要とするものと解する。

（総覧七四頁・行政集二四巻一〇号一〇七二頁）

三―三―二　漁業協同組合が漁業権を放棄するには、漁業法第八条第五項、第三項に定める同意を要するか

札幌高裁民、昭和五二年（行コ）第三号

昭五七・六・二二判決

一審　札幌地裁

関係条文　公有水面埋立法二条・四条、漁業法八条・一一条一項、水協法四八条・五〇条

一　漁業協同組合が漁業権を放棄するには、水協法第五〇条による総会の特別決議があれば足り、そのほかに漁業法第八条所定の手続を経ることは必要ない。

二　公有水面埋立免許処分に基づいてされる埋立工事海面の周囲及びその至近距離において、漁業協同組合が有する第一種区画漁業権及び第一ないし第三種共同漁業権に基づき、現実に漁業を営んでいる組合員らが、右免許処分の取消を求める法律上の利益を有しない。

（総覧一一一頁・行政集三三巻六号一三三〇頁）

二　其ノ埋立ニ因リテ生スル利益ノ程度カ損害ノ程度ヲ著シク超過スルトキ

三　其ノ埋立カ法令ニ依リ土地ヲ収用又ハ使用スルコトヲ得ル事業ノ為必要ナルトキ

〈昭和四八年法律第八四号による改正前のもの〉

第四条　地方長官ハ埋立ニ関スル工事ノ施行区域内ニ於ケル公有水面ニ関シ権利ヲ有スル者アルトキハ左ノ一ニ該当スル場合ヲ除クノ外埋立ノ免許ヲ為スコトヲ得ス

一　其ノ公有水面ニ関シ権利ヲ有スル者埋立ニ同意シタルトキ

二　其ノ埋立ニ因リテ生スル利益ノ程度カ損害ノ程度ヲ著シク超過スルトキ

三　其ノ埋立カ法令ニ依リ土地ヲ収用又ハ使用スルコトヲ得ル事業ノ為必要ナルトキ

三―三―三　漁業協同組合が改正前の公有水面埋立法第四条第一号に定める同意をするに当たつては、水協法第五〇条による総会の特別決議があれば足り、そのほかに漁業法第八条所定の手続を経ることは必要でない。

最高裁三小民、昭和五七年(行ツ)第一四九号
昭六〇・一二・一七判決、棄却
一審　札幌地裁　二審　札幌高裁
関係条文　公有水面埋立法二条・四条・二二条、漁業法八条三項・五項、行訴法九条

漁業協同組合の有する特定区画漁業権又は第一種共同漁業を内容とする共同漁業権について漁業権行使規則を定め、又は変更若しくは廃止しようとするときは、水産業協同組合法の規定による総会の議決前に、その組合員のうち、当該漁業権に係る漁業の免許の際において当該漁業権の内容たる漁業を営む者であつて地元地区又は関係地区の区域内に住所を有する者の三分の二以上の書面による同意を得なければならない旨規定する漁業法第八条第三項及び第五項は、漁業権の変更の場合に適用又は類推適用すべきものではない。
(総覧続巻三一頁・タイムズ五八三号六二頁・時報一一七九号五六頁)

三―三―四　漁業権を有する漁業協同組合が、改正前の公有水面埋立法第四条第一号の同意をするに当つて、水協法第五〇条による特別決議を欠く同意は無効である。

松山地裁民、昭和四三年(行ク)第二号

昭四三・七・二三決定、認容

関係条文 公有水面埋立法四条・四二条、憲法三一条、水協法五〇条

一 空港滑走路の造成を埋立の目的とする公有水面埋立法第四二条に基づく埋立承認処分の執行停止申立につき、回復の困難な損害を避けるため緊急の必要があるときに当る。

二 一掲記の執行停止申立につき、憲法第三一条は行政手続についても適用されると解するのが相当であり、右埋立承認処分が公有水面埋立法第四条第三号(現第四条第三項第三号、以下同じ)に当る場合にも、その埋立施行区域に漁業権を有する者がいる場合には、その者に告知、聴聞の機会を与えることが要請されるところ、その機会が与えられていないから右埋立承認処分は憲法第三一条に違反する疑いがあり、また、右漁業権を有する漁業協同組合が公有水面埋立法第四条第一号(現第四条第三項第一号、以下同じ)の同意をするには水産業協同組合法第五〇条による特別決議を必要とするところ、その特別決議を欠く同意は無効であるから、前記埋立承認処分が右第四条第一号に当るとはいえないとして、結局、本案について理由がないとみえるときには当らない。

三 一掲記の執行停止申立につき、公共の福祉に重大な影響を及ぼすおそれがあるときに当らない。

(総覧一三七五頁・行政集一九巻七号一二九五号)

三―三―五　公有水面埋立法第四条第一項に基づく同意と漁業権の消滅との関係

福岡高裁民、昭和六二年(行コ)第三号

昭六二・六・一二判決棄却

一審　鹿児島地裁

関係条文　公有水面埋立法二条・四条・五条、漁業法八条一項・一四条八項・二二条、水協法四八条・五〇条

一　漁業協同組合は、総会において、本件公有水面に関し共同漁業権の一部放棄の特別決議を行ったものであるから、これにより右共同漁業権及びこれから派生する権利である漁業を営む権利も本件公有水面につき消滅することとなる。

二　漁業協同組合は、公有水面埋立完成による漁業権の事実上の消滅に同意したに過ぎず、埋立て完成までは漁業権は消滅しないのであるから、それ以前の段階で漁業権変更につき、都道府県知事の免許を受くべき必要性を見出すことはできず、したがって控訴人らからは、変更免許の有無にかかわらず、本件埋立免許処分の取消を求めるにつき法律上の利益がない。

(総覧続巻三七頁・時報一二四九号四六頁)

三―三―六　県知事が火力発電所建設用地造成のため電力会社に与えた公有水面埋立免許処分につき、周辺海域に漁業権を有する漁業協同組合の組合員及び付近住民は右処分の取消しを求める原告適格を有

しないとし却下された事例

熊本地裁民、昭和五九年(行ウ)第六号

昭六三・七・七判決、却下(確定)

関係条文　公有水面埋立法四条一項一号・二号、行訴法九条

公有水面埋立法上の各規定は、一般的、公共的の見地から環境保全について配慮すべきことを定めたに止まり、原告らの主張する権利利益を保護するために行政権の行使に制約を加えたものではなく、したがって、原告らは、公有水面埋立法によって保護された権利利益を有せず、本件埋立処分によって右権利利益を必然的に侵害される立場にもないから、本件埋立免許処分の取消しを求める法律上の利益を有しない。そうすると、原告らは、本件取消訴訟において、行訴法九条にいうところの原告適格を欠くものである。

(総覧続巻五七二頁・自治五二号四二頁)

三—三—七　共同漁業権を放棄した漁業協同組合の組合員は、同処分の無効確認又は取消しを求める法律上の利益がなく、原告適格を欠くとされた事例

和歌山地裁民、平成元年(行ウ)第二号

平五・三・三一判決、却下(確定)

関係条文　公有水面埋立法四条三項・五条、漁業法八条・一四条八項、水協法五〇条四号、行訴法九条

一　共同漁業権は漁業協同組合等に帰属し、各組合員に総有的に帰属すると

解することはできず、各組合員は、当該漁業協同組合の有する共同漁業権の範囲内で、同組合の制定した漁業権行使規則に従って漁業権を行使する地位を有するにすぎないから、漁業権者である漁業協同組合について埋立免許処分の無効確認又は取消を求める法律上の利益が消滅すれば、組合員についても右の利益は消滅する。

二　共同漁業権を有する漁業協同組合の組合員の当該公有水面に係る埋立免許処分の無効確認又は取消しを求める訴えは、主位的請求及び予備的請求のいずれも原告適格を欠く不適法な訴えである。

（総覧続巻五七五頁・自治一二三号八四頁）

三―三―八　公有水面埋立許可処分の効力停止の申立が棄却された事例

福岡高裁民、平成五年(行ス)第三号

平五・六・二五決定、棄却

一審　佐賀地裁

関係条文　公有水面埋立法四条、行訴法二五条二項

埋立地付近に居住する者及び埋立地を含む海域において養殖業を営む者らが公有水面埋立免許処分の効力停止を求めたのに対し、埋立によって申立人らの生命、身体、重要な財産に重大な被害を及ぼすおそれがあるとは認められないから申立人らは埋立地周辺住民として申立人適格を有するとはいえず、また、申立人らの営む養殖業について埋立工事による回復困難な損害を避けるため、右処分の効力を停止する緊急の必要性もないので申立てを棄却

する。

（総覧続巻五八六頁・自治一一五号六二頁）

第四節　水面に関し権利を有する者（五条）

三―四―一　公有水面埋立法第二条第一項に基づく公有水面埋立免許処分の取消しを求める訴えにつき、当該埋立て周辺の住民、漁民等は同法第五条第四号にいう慣習により公有水面に排水をなす者には当たらないという理由で原告適格を否定した事例

佐賀地裁民、平成三年（行ウ）第五号

平一〇・三・二〇判決、却下・確定

関係条文　行政事件訴訟法九条、公有水面埋立法二条、五条、四七条二項

公有水面埋立法第五条第四号にいう慣習により公有水面に排水をなす者とは、公有水面に対し排他的に長期かつ継続的に排水をなし、慣習法上、排水をなす権利を有するに至った者をいう。

さらに、公有水面に対し、長期かつ継続的に排水をなしていても、それがもともと排水をなす権利を有するとはいえない場合は、右に当たらないというべきである。そして、一般公衆が公物たる公有水面を使用することによって享受する利益は、公物が一般公衆に供用されたことの反射的利益であって、

第五条　前条第三項ニ於テ公有水面ニ関シ権利ヲ有スル者ト称スルハ左ノ各号ノ一ニ該当スル者ヲ謂フ

一　法令ニ依リ公有水面占用ノ許可ヲ受タル者

二　漁業権又は入漁権者

三　法令ニ依リ公有水面ヨリ引水ヲ為シ又ハ公有水面ニ排水ヲ為ス許可ヲ受ケタル者

四　慣習ニ依リ公有水面ヨリ引水ヲ為シ公有水面ニ排水ヲ為ス者

原則として、権利としての使用権が与えられるものではなく、そのことは公物たる公有水面を長期かつ継続的に、他人の利用を排して排他的に利用する場合であっても異ならず、その利用が社会的に正当な利益として保護され、その利用が妨げられると業務上又は日常生活上著しい支障が生ずるなど、特定人の公物の利用が特定の権利又は法律上の利益に基づくものであると認めるべき特段の事情がない限り、公有水面に関し慣習法上の権利を有するものであるとはいえないというべきである。

原告らは、いずれもその居住する建物あるいは工場・倉庫から、生活雑排水・雨水を排出していると主張する者であるところ、生活排水についての国民の責務等を定めた水質汚濁防止法や下水道法等の各種規制に鑑みると、そもそも生活雑排水を公有水面にそのまま排出してそれを排他的に利用する利益は、社会的に正当な利益として保護されるべきものとはいえず、前記特段の事情を認めることはできないから、たとえ長期かつ継続的に排水をなしてきたとしても、慣習法上の権利とはなり得ないと解するのが相当である。

原告らは、同法第五条第四号所定の慣習排水権者に当たらないので、原告適格を有しない。

（総覧続巻五九二頁・タイムズ一〇一三号一一五頁、時報一六八三号八一頁）

第五節　水面の権利者に対する補償等（六条）

三―五―一　漁業補償金返還等請求訴訟が棄却された事例

和歌山地裁民、昭和五七年㈷第四号

第六条　埋立ノ免許ヲ受ケタル者ハ政令ノ定ムル所ニ依リ第四条第三項ノ

昭五九・一〇・三一判決、棄却（確定）

関係条文　公有水面埋立法・四条一項・三項・六条一項、地方自治法九六条一項一一号・二四二条の二・一項

市と漁業協同組合との間で締結された漁業補償契約がその締結経緯からして地方自治法第九六条第一項第一一号の「和解」に該当するとし、事後的ながら市議会の議決を経ており有効な契約であり、これに基づく公金の支出は適法である。

（総覧続巻五六九頁・自治九号七三頁）

三―五―二　公有水面埋立漁業損失補償金支出違法訴訟が棄却された事例

高松地裁民、昭和五二年行(ウ)第四号

昭六〇・一〇・二三判決、棄却

関係条文　公有水面埋立法二条・四条・六条、地方自治法二四二条の二・一項四号

市の港湾整備事業の一環である公有海面埋立て等を内容とする土地造成事業に伴う漁業損失に関する補償として、市長が漁業協同組合に支払を約した補償金につき、裁量権の範囲を逸脱し、あるいは架空かつ過大なものであるとは認められない。

（総覧続巻五七二頁・自治三八号八〇頁）

三―五―三　公有水面埋立工事差止請求仮処分控訴を棄却した事例

権利ヲ有スル者ニ対シ其ノ損害ノ補償ヲ為シ又ハ其ノ損害ノ防止ノ施設ヲ為スヘシ

② 漁業権者及入漁権者ノ前項ノ規定ニ依ル補償ヲ受クル権利ハ共同シテ之ヲ有スルモノトス

③ 第一項ノ補償又ハ施設ニ関シ協議調ハサルトキ又ハ協議ヲ為スコト能ハサルトキハ都道府県知事ノ裁定ヲ求ムヘシ

福岡高裁民、昭和六二年(行ワ)第四号
平元・五・一五判決、棄却
一審　鹿児島地裁
関係条文　公有水面埋立法六条・七条・八条、漁業法六条・七条・八条一項・一四条八号・二二条、水協法四八条・五〇条、

漁業権者が埋立権者に対し埋立工事につき漁業権に基づく物上請求権の放棄を約したときには、漁業権者及び漁業を営む権利を有する者は、漁業権の消滅の効果ではなく右合意の効果として、埋立権者との関係で埋立工事につきこれらの権利の基づく物上請求権を行使できなくなるのであるから、右権利行使の禁止の効果は漁業権の変更免許の有無とは関係なく発生するものである。したがつて、前示の事実関係のもとでは、変更免許の有無にかかわらず控訴人らの本件被保全権利は存在しないものといわなければならない。

(総覧続巻一六三頁)

三—五—四　むつ小川原港の建設に伴う漁業補償住民訴訟控訴が棄却された事例

仙台高裁民、昭和六〇年(行コ)第八号
昭六二・九・二八判決、棄却
一審　青森地裁
関係条文　公有水面埋立法二条・四条・六条、漁業法三九条、地方自治法一三八条の二

公共用地の取得に伴う損失補償基準により算定した漁業権消滅の保証に漁業協同組合が応じないため、知事が、政策的配慮を優先させて加算した漁業補償額をもって漁業補償協定を締結し、これに基づき漁業補償金支出したことが地方自治法第一三八条の二に違反するとはいえない。

（総覧続巻五八六頁・自治四三号七二頁）

第六節　原状回復の義務（三五条）

三―六―一　CTS建設のために沖縄県知事のした公有水面埋立免許処分の無効訴えに対し、埋立地の原状回復を求めることが不可能であるので、本訴えについては利益がないとした事例

那覇地裁民、昭和四九年(行ワ)第四号

昭五〇・一〇・四判決、却下

関係条文　公有水面埋立法四条三項・三五条一項

公有水面埋立法第三五条第一項の規定をもって原状回復が法律上不可能か著しく困難である場合についてまで県知事に埋立権者に対し埋立地の原状回復を命じる権限を与えたものとまで解し難く、むしろかかる場合には県知事としては同法所定の原状回復義務を免除する義務を負うと解するのが相当である。本件訴によって本件埋立地の原状回復を求めることは不可能であり、したがって、原告らの本件公有水面の埋立地許可処分の無効確認を求める訴えは利益がないといわざるを得ない。

第三十五条　埋立ノ免許ノ効力消滅シタル場合ニ於テハ免許ヲ受ケタル者ハ埋立ニ関スル工事ノ施行区域内ニ於ケル公有水面ヲ原状ニ回復スヘシ但シ都道府県知事ハ原状回復ノ必要ナシト認ムルモノ又ハ原状回復ヲ為スコト能ハスト認ムルモノニ付埋立ノ免許ヲ受ケタル者ノ申請アルトキ又ハ催告ヲ為スニ拘ラス其ノ申請ナキトキハ原状回復ノ義務ヲ免除スルコトヲ得

2　前項但書ノ義務ヲ免除シタル場合ニ於テハ都道府県知事ハ埋立ニ関ス

（総覧一三八三頁・時報七九一号一七頁）

三―六―二　公有水面埋立免許の取消しを求める訴えにつき、埋立地の原状回復が法律上不可能であるとして、訴えの利益がないとした事例

名古屋地裁民、昭和四八年(行ウ)第三六号
昭五三・一〇・二三判決、却下
関係条文　公有水面埋立法四条一項・三項・五条四号・二二条一項・三五条

埋立地を原状の海面に回復することは、その規模、構造、現在の所有関係、利用状況、原状回復によって予測される社会的、経済的損失及び周辺海域の汚染度などからみて、社会通念に照らし法律上原状回復が不可能であるといわなければならない。したがって本件訴えはいずれも訴えの利益がないから不適法である。

（総覧一三八七頁・行政集二九巻一八七一頁）

ル工事ノ施行区域内ニ於ケル公有水面ニ存スル土砂其ノ他ノ物件ヲ無償ニテ国ノ所有に属セシムルコトヲ得

【る】

【わ】

【へ】

【ほ】

【ま】

【み】

【む】

【め】

【も】

【や】

【ゆ】

【よ】

【り】

【せ】

【そ】

【た】

【ち】

【つ】

【て】

【と】

【な】

【に】

【は】

【ひ】

【ふ】

【け】

【こ】

【さ】

【し】

【す】

【く】

索　引

索引

（巻末よりご利用下さい。）

〈編著者略歴〉　金田《かねだ》禎之《よしゆき》

昭和23年農林省入省，秋田県水産課長，水産庁漁業調整課長，沖合課長，瀬戸内海漁業調整事務局長，日本原子力船研究開発事業団相談役，㈳日本水産資源保護協会専務理事等を経て全国釣船業協同組合連合会会長，㈳全国遊漁船業協会副会長

〈主な著書〉

「都道府県漁業調整規則の解説」	新水産新聞社
「実用漁業法詳解」	成山堂書店
「日本漁具漁法図説」	〃
「定置漁業者のための漁業制度解説」	水産グラフ社
「漁業紛争の戦後史」	成山堂書店
「漁業関係判例総覧」	大成出版社
「総合水産辞典」	成山堂書店
「漁業法のここが知りたい」	〃
「日本の漁業と漁法（和文・英文）」	〃
「漁業関係判例総覧・続巻」	大成出版社

漁業関係判例要旨総覧

2001年6月20日　第1版第1刷発行

編　著　金　田　禎　之

発行者　松　林　久　行

発行所　株式会社大成出版社

東京都世田谷区羽根木1－7－11

〒156-0042　電話　03(3321)　4131㈹

印刷　亜細亜印刷

ISBN4－8028－5983－X